JN441295

# 대한민국 공군 F-5

## ROKAF F-5: Sky Guardian Tiger

**이 원 익** 지음

나의 아버지에게, 그리고 고 이광진 대위를 비롯해 조국 영공수호를 위해 F-5와 함께 산화한 52명의 '신념(信念)의 조인(鳥人)'들에게 이 책을 바칩니다.

## 대한민국 공군 70주년과 대한민국 하늘 수호 호랑이를 기억하며

대한민국 공군 70주년을 하늘 높이 축하합니다. 사람 나이로 70세면 '고희(古稀)'라고 합니다. 옛날 기준으로 '드물게 오래 살았다'는 뜻이라 합니다. 그 긴 세월을 따라 한국 공군과 함께 한 다양한 항공기들 중에서도 F-5 기종은 각별한 의미를 지닌다고 생각합니다. 우리나라 최초의 초음속 전투기이자 최초의 국산 전투기였으며, 오늘날 세계적 공군으로 발돋움하기까지 '자유의 투사'로서 한반도를 지켜내며 거의 반세기에 가깝도록 한국 공군의 기반을 다져주었기 때문입니다.

F-5가 한국 공군에서 보낸 대부분의 시간들은 우리나라가 경제와 안보 모두 어려웠던 시절이었습니다. 획득 · 운용 비용이 상대적으로 낮아 제한된 예산으로 공군력 건설과 전력지수 유지에 기여하였고, 신속한 긴급발진 능력은 종심이 짧은 우리 전장에 적합하였습니다. 공군 항공기 도입 역사상 가장 많은 대수가 대량 도입되어 전투 · 정찰 · 고등훈련 · 특수비행 등의 임무에 광범위하게 투입되었으며, 한국 공군은 세계적으로도 대만 공군과 함께 F-5 시리즈의 가장 다양한 모델들(T-38, F-5A/B, RF-5A, F-5E/F)을 가장 많이 도입한 공군입니다.

특히 F-5A/B는 간첩선 격침에 혁혁한 전과를 올리기도 했습니다. 또한 KF-5E/F '제공호'로서 국내 최초 면허생산이 이루어진 기종이기도 합니다. 그만큼 대부분의 전투조종사들이 거쳐 가는 기종이기도 했습니다. F-5 주기종 조종사가 아니더라도 일단 F-5를 거치고 타기종 전환에 들어가는 것이 상례이던 한국 공군이었습니다. F-5 시리즈의 최종 진화형인 F-20 또한 우리나라 땅에서 추락하는 비운을 겪으며 세계적인 F-5 성공신화도 한국에서 그 끝을 목도한 바 있습니다.

개인적으로 저는 F-5와 인연이 깊습니다. 저의 부친께서는 F-5E/F를 주기종으로 하는 전투조종사이셨습니다. F-5 폭음 소리 속에서 태어나 F-5 폭음 소리와 함께 자랐습니다. 비행기를 유난히 좋아했던 제게 F-5는 늘 옆에 있는 형제 같은 존재였고, 코흘리개 시절부터 저의 유일한 꿈은 F-5 조종사가 되는 것이었습니다. 부친께서 강릉기지의 F-5 전투비행대대장을 지내셨던 1988년도에는 중차대한 국가 행사인 '88 올림픽' 성공을 위해 말 그대로 24시간 비상대기하며 밤낮없이 출격하던 전투조종사들의 "살신성인 군인 본분"의 모습과, 새벽의 차가운 대기속으로 활화

산같은 엔진 불꽃을 토하며 대관령과 동해바다를 향해 이륙하던 F-5의 강인한 모습에 매료되기도 했습니다. "원익아, 비행다녀와서 보자"며 관사를 나섰다가 끝내 돌아오시지 못했던 '조종사 아저씨'들을 활주로 주변에서 애타게 기다리던 소년 시절의 슬픔도 이 항공기에 깊이 배어 있습니다. 시력 문제로 전투조종사의 꿈은 안타깝게 접어야 했지만 F-5에 대한 관심과 애정은 지금까지 계속되어 왔습니다.

그렇게 어린 시절부터 차곡차곡 쌓아온 F-5의 기억과 자료를 이 책에 꼼꼼하게 담아내고자 했습니다. 특히 이 항공기에 대해 누구보다 잘 아실, F-5를 직접 조종하고 무장/정비하고 지원하신 공군인들을 만나 그들의 이야기를 꼭 담고 싶었습니다. 최초 F-5A/B 도입 창설 멤버였던 예비역 조종사부터 지금 이 순간에도 F-5의 조종간을 잡고 있는 후배 조종사들을 통해 거의 반세기 동안 한반도의 하늘을 지켜온 이야기를 들어보았습니다. 그리고 그들을 공중으로 띄워주는 정비사와 무장사들의 이야기도 들어 보았습니다. 유례없이 독특한 설계 사상으로 탄생하여 3,800대 이상 양산된 세계 항공우주산업 역사에 남는 이 걸작 항공기 시리즈의 역사부터 어떻게 한국 공군에 도입되어 어떻게 운용되었는지, 그 순간 순간을 함께한 공군인들의 소중한 시간들을 기록하여 기억하며, 이 소중한 나라 지킴의 역사를 납세자인 우리 국민들에게 알리고자 함도 이 책의 집필 동기라고 하겠습니다.

호랑이, F-5 전투기를 생각하면 늘 떠오르는 이미지입니다. 제작사가 부여한 동 기종의 별칭이 'Tiger II' 이기도 하지만 유독 한국 공군 기체에는 예외 없이 우렁차게 포효하는 두 마리의 호랑이가 그려져 있습니다. 우리나라의 상징이 호랑이기에 전 세계 어느 F-5 Tiger II 운용국가도 담지 못할 깊은 의미가 있지 않을까 합니다. 그렇게 F-5는 한반도 수호랑(수호 호랑이)으로서 우리의 하늘을 지켜왔습니다.

과거 호랑이가 우리나라 백두대간 곳곳에 분포했듯 F-5도 전국의 가장 많은 비행단에 켜켜이 분포해 왔습니다. 쌍두 호랑이가 그려진 F-5E/F 'Tiger II'가 이륙하는 폭음은 마치 백두산 호랑이가 포효하는 것만 같았습니다. 앞으로 이 수호랑들도 하나 둘씩 우리나라 하늘에서 사라져 갈 것이고, 차세대 국산 전투기 KF-X가 한반도 영공 수호의 임무를 계승할 것입니다. 하지만 우리나라 산에서 더 이상 호랑이를 찾아 볼 수 없더라도 민족 영물로서 상징성은 영원히 남아 있듯이, F-5 제공호도 대한민국 공군 역사와 기억에 영원히 남기를 바라는 염원을 담아 봅니다.

저는 월간항공 필진으로서도 이 책을 씁니다. 학생시절부터 저는 월간항공 필진으로 활동해 왔습니다. F-5와 살던 비행단에서 용돈을 모아 쿵쿵 뛰는 가슴을 안고 구입한 창간호부터 구독해 온 월간항공도 올해 30주년을 맞았습니다. 공군의 70주년과 합하면 도합 100주년이 됩니다. 이토록 뜻 깊은 책자 발간에 월간항공과 계속 손을 잡고 걸을 수 있음에 감사드립니다.

"남자는 자신을 알아주는 사람을 위해 목숨을 바친다"고 합니다. 이 책의 집필 동기에 전적으로 공감해 주시고 아낌없이 지원해 주신 대한민국 공군에 보답하는 마음으로 영혼을 바친 집필 작업이었다고 자부해 봅니다. 원인철 공군참모총장님과 공보정훈실의 관계자분들, 특히 강성구 실장님과 이소정 대위께 깊은 감사의 말씀을 드립니다. 또한 부친께서 F-5 조종사로서 비행대대장을 지내셨던 곳이자, F-5 최초이자 최후의 비행대대인 강릉기지 105대대에서 아버지가 타셨던 F-5 전투기를 비행하게 해 주신 특별한 기회를 주심에 하늘같은 감사의 말씀을 드립니다. 그 소중한 비행을 통해 비행기로서의 F-5와 조종사로서의 아버지와 그 동료들의 삶을 몸으로 이해할 수 있었습니다.

무엇보다 F-5 운용에 청춘을 바치신 우리 공군 요원들께 가슴에서 우러나오는 감사의 말씀을 드립니다. F-5로 우리 하늘을 지키다 산화하신 신념의 조인들 52분의 성함을 이 책에 한자 한자 고이 아껴 새겨 두었습니다. 개인적으로 이들은 아버지의 동료들이자, 관사 아저씨들이자, 친구의 아버지들이었습니다. F-5 항공기의 활약과 당신들의 살신성인, 당신들이 남기고 떠난 가족들이 떠안아야 했던 그 아픔을 대한민국은 영원히 잊지 않을 것입니다. 이 책자에서 발생하는 모든 인세는 조국의 하늘을 수호하다 명예로이 영면하신 우리 공군의 순직 조종사 자녀들의 장학금으로 전액 기부됩니다.

2019년 겨울 이원익(李元翼)

# Contents



※ 이 책에 수록된 정보는 저자의 지식 및 리서치와 공개 정보(출판물, 온라인 등)에 기반합니다.

# ROKAF F-5

# Family in Action

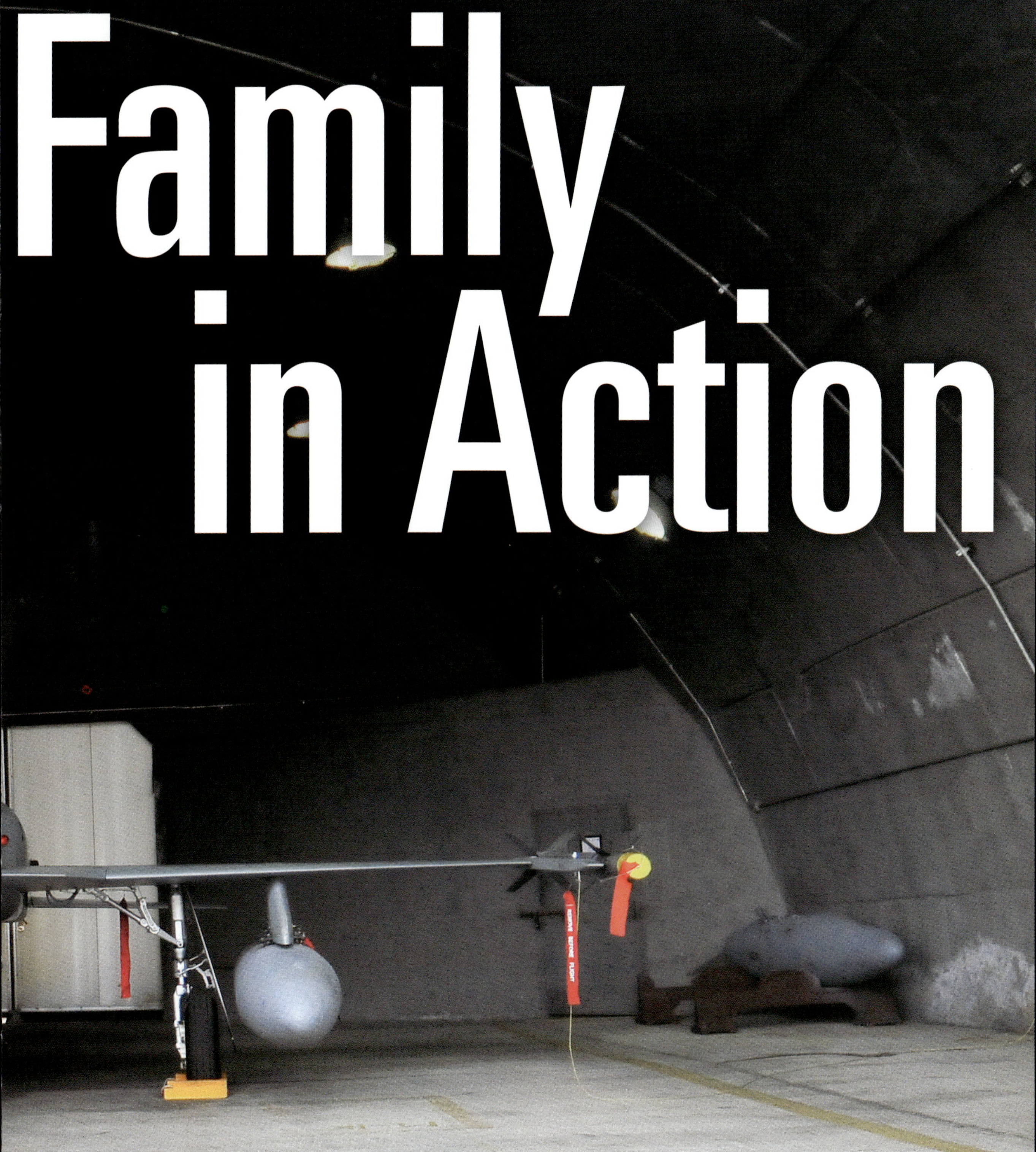

AIM-9P4 두 발+150갤런 연료탱크 2개 외장으로 출격준비를 완료한 F-5E. F-5A 대비 F-5E 전면부는 14% 이상 커져(21.3ft$^2$ vs. 18.6) 레이다 및 항전장비 수납을 위한 공간을 확대했다. 보다 강력한 추력의 J85-GE-21 엔진을 장착하면서 공기흡입구 또한 F-5A(2.1ft$^2$) 대비 3.4로 커졌다.

이러한 기체 볼륨 증대는 마찰 저항 계수를 높혔으나 Cruise Flap Setting(앞전플랩 0도, 뒷전플랩 8도)을 도입하여 이를 상쇄했다. 또한 최적의 날씬비(Fineness Ratio: 전장 대 최대지름 비율)를 위하여 전장을 연장, F-5A의 그것(9.8)에 가까운 날씬비(9.7)로 늘어난 항력을 상쇄했다. 약 23% 증대된 엔진 추력 또한 증가 항력 상쇄 요인이다.

F-5A 대비, F-5E의 익면적은 9% 증가하였는데(170ft$^2$ vs 186) 이는 주로 동체 볼륨 증대에 기인하며 주익은 중앙동체로부터 8.5인치 연장되었다. 덕분에 F-5A 대비 F-5E의 ft$^2$ 당 익면하중은 4% 정도 늘어나는데 그쳤다(68lbs/ft$^2$ vs 71 @50% 연료/30,000feet 고도 조건).

# 공군 제18전투비행단

1

2

❶ 미국 직도입 '일반' 항공기(Code E) 대비 후기형(Code F-2)인 KF-5F '제공호'의 두드러진 외형상 특징은 상어 주둥이 형상의 납작한(Ogive) '샤크 노즈(Shark Nose)' 레이돔. F-5E 대비 F-5F의 전장은 1,200mm 연장되었다(전체 15.65m). 기수 우측의 회색 총구는 기총이 아닌 항전장비 공랭 흡입구(일명 '물총'). 제공호의 특징인 기수부 '제공' 글씨가 지워져 있음에 주의

❷ 강릉기지 제18전투비행단 예하 제205전투비행대대 소속의 KF-5F 제공호 601호기. 주익 위의 윙 펜스(Wing fence)는 F-5 시리즈 중 F-5F만이 가지는 특징으로 익단 실속을 방지하는 역할을 한다. 18전비의 F-5E/F들은 다른 전투비행단들과는 달리 비행대대 마크를 수직미익에 그려 넣는 것이 특징이다.

❸ KF-5F 601번기(사진❷ 항공기와 동일 기체). 동 항공기는 2015년 205대대 해편과 함께 같은 제18전투비행단 예하 105대대로 편입됐다. 엔진 노즐부 하단을 보면 Tail Ballast 구조물이 부착되어 있음을 알 수 있다. 전방석이 설치되면서 전방 이동한 항공기 무게중심(CG)의 균형을 위해 추가된 것이다. 이는 F-5F 전 기체에서 발견되는 한편 미해군의 가상적기에는 보이지 않는데 기수의 레이다를 제거했기 때문이다. 수직미익의 105대대 마크에 주의

❹ AIM-9P4 사이드와인더 공대공 미사일. 현역 한국공군 F-5E/F 항공기들의 주력 공대공 무장으로 AIM-9L과 동일한 시커를 장착해 제한적인 전방향 공격능력을 가진다. AIM-9P3의 헤드부 백색 도장과 달리 흑철색 도장이 식별 포인트

❶ 강릉기지 112대대 소속 KF-5F 594번기. 최초의 국산 전투기로 1980년대 국정교과서에 실렸던 '제공1호기'이다(본문 101페이지 참조). 주익하면 파일런 연료탱크 장착시에는 사진처럼 150갤런 2개 장착이 일반적이다. 센터 파일런에는 SUU-20 로켓/훈련탄 디스펜서를 장착 중

❷ 택시 웨이를 활주하는 F-5E 전투기들. 경량 전투기 특유의 날렵함이 돋보인다.

❸ 대관령을 등에 지고 나란히 선 112대대 소속의 F-5E와 KF-5F. F-5E/F 계열 중에서 기수부 형상이 서로 가장 다른 두 기종이다. 노즈 랜딩 기어의 방향 전환과 연동하는 수직미익의 러더 위치에 주의

❹ 비상 직전 으르렁거리는 105대대 4마리 호랑이들. 4기 모두 'Nose hike' 상태로 노즈 랜딩 기어 축이 30cm 정도 연장되어 AOA가 3도 상승, F-5A 대비 이륙거리를 약 30% 단축시킨다. 센터 파일런의 150갤런 탱크와 AIM-9 2발은 방공임무 표준 외장

3

4

1

2

❶ KF-5F의 날카롭고 유려한 기수 곡선. 기수부의 힌지 도어는 기총 가스 배출구로 F-5F만의 특징. 복좌화로 좁아진 기총 수납공간 때문에 설치됐으며 기총 1문당 적재 탄환 수 또한 140발로 F-5E의 절반 수준이다. 센터 파일런의 Mk-82 훈련탄(dummy) 장착과 그 위에 켜진 착륙등에 주의

❷ 뭉치자 치솟자! 힘차게 긴급 발진하는 105대대 F-5E 편대. 현재와는 다른 컬러 국적 마크와 AIM-9P3에 주의

❸ 애프터버너를 점화하고 이륙하는 F-5F(좌)와 F-5E. 후방에서 본 기수부 곡선의 미묘한 차이점이 잘 드러난다. F-5F에만 적용되는 윙 펜스에 주의. 사진 속 F-5F는 미국 직도입 '일반' 기체임에도 불구하고 제공호에 적용되는 여압 벤트가 설치되어 있는 후방석 캐노피를 사용하고 있는 점이 특이하다.

❹ 눈 덮인 강릉기지의 105대대 F-5E. 마치 북유럽 삼림과 같은 이국적인 분위기를 자아낸다.

1

❶ 대관령을 향해 단기로 힘차게 이륙하는 F-5E. 활주로의 반대편은 동해 바다를 바로 접하는 것이 강릉기지의 운용환경이다. 이러한 '배산임수' 자연 환경은 항공기 운용에는 상당히 어려운 조건이다.

❷ "Break now!" 독도 상공에서 플레어를 투발하며 분리 기동하는 105대대 F-5E 편대. 전기 275갤런 탱크를 장착하고 있는데 센터 파일런에 150갤런 탱크를 장착할 경우 간섭에 의한 플레어 투발 제한이 발생한다.

❸ 경포호 상공을 선회하는 105대대 F-5E 편대. F-5A 대비 센터 파일런은 더 후방으로 배치, 노즈기어와의 클리어런스를 확보하여 275갤런 탱크 장착을 가능케 하였고 외장 장착시 무게 중심의 후방 이동을 통해 이륙거리를 감소시켰다.

❹ AIM-9P3를 발사하는 105대대 KF-5F. 기체번호 612로 '제공' 마크가 남아있다. 십자 모양의 미사일 발사 섬광에 주의

공군

3

2

4

❶ 동해 바다 쪽 활주로로 착륙하는 F-5F. 바다와 폭설이 강릉기지의 어려운 운용환경을 잘 보여준다. 활주로 반대편은 험준한 대관령으로 전체적으로 험난한 운용 환경이라 하겠다.

❷ 제29전술개발훈련 비행전대에 파견 운용 중인 105대대 KF-5F 제공호. 전후방석 조종사들의 어깨에 달린 노란색의 29전대 패치가 보인다. 샤크 노즈, 수직미익 상단의 T자형 ILS 안테나, 일반형보다 면적이 크고 후퇴각이 적은 LEX 등 후기형 기체(Code F-2)인 KF-5F의 외형적 특징을 잘 보여준다. 앞전 플랩과 함께 꺾이는 윙펜스 구조에 주의.

❸ 착륙 후 린스 중인 F-5E

❹ 석양을 바라보며 이동하는 F-5E. 청색의 항법등과 배면의 착륙등이 태양과 함께 빛난다.

❺ 야간비행을 준비하는 요원들의 자태에서 긴장감이 묻어난다.

4

1

❶ 석양에 투영된 F-5E 4기 편대. 기수와 수직미익의 형상으로 제공호가 아닌 F-5E 일반 기체임을 알 수 있다. 4개의 비행등이 켜져 있다 – 앞에서부터 동체등, 항법등 (청색), 충돌방지등(적색), 수직미익 위치등

❷ "A/B now!" 애프터버너를 점화하고 이륙하는 F-5F와 F-5E. J85-GE-21 엔진의 애프터버너 추력은 약 5,000 파운드에 달한다. 야간비행에는 안전을 위해 복좌형 F-5F가 많이 투입된다.

❸ 강릉기지의 3개 비행대대 기체들의 집결. 가까운 앞쪽부터 112대대, 105대대, 205대대. 205대대는 2015년 잠정 해편됐으며 2019년 말 현재 105대대와 112대대만 운용 중

3

1

2

4

F-5

❶ 강릉기지 3개 대대의 조종사들. 중앙의 신소영 대위(현재 소령)는 2019년 말 현재 유일한 여성 작전 F-5 전투조종사이다.

❷ 수직미익에 도장된 대대마크는 강릉기지 소속 기체들만의 특징이다. 다른 비행단의 F-5E/F에는 대대마크가 캐노피 하단에 그려진 쌍두 호랑이 옆에 도장되는 것이 일반적. 가까운 앞에서부터 112, 105, 205대대. 러더에 그려진 하니컴 마크에 주의

❸ 혼연일체 기인동체. 원활한 항공기 운용과 완벽한 임무 수행을 위해서는 정비사와 무장사 등 지상요원들의 팀워크가 생명과도 같다.

❹ 강릉기지 동해바다 쪽(동단) 활주로에 도열한 205대대의 F-5E, KF-5F(중앙)와 조종사들. '빨간마후라의 고향'이라고 하는 강릉기지답게 조종사들의 빨간마후라가 돋보인다. F-5E/F 기종으로 창설된 205대대는 한 기종으로 13만 시간 무사고 기록을 수립했으며, 한국 공군은 물론 세계적으로도 유례가 없는 기록이다.

# 공군 제10전투비행단

ORE(Operation Readiness Exercise) 훈련 중 화생방 상황에서 Mk-82 실탄을 장착 중인 무장사들. 이와 같이 총 4발의 Mk-82 외장은 F-5E/F 최대 무장장착에 가까우며 항속거리가 크게 줄어든다.

1

2

3

❶ KF-5E 제공호의 정면 모습. 샤크 노즈 레이돔을 장착한 후기형 기체(Code E3)로 원뿔형 레이돔의 일반 기체와는 인상이 현저히 다르다. 2019년 말 기준, 수원기지에는 101대대와 201대대가 운용 중이며 KF-5E/F 제공호를 주력으로 하고 있다.

❷ 좌측 주익 하단에 KGGB, 익단에 AIM-9P4를 장착한 F-5E. 최대 100km의 사거리를 갖는 KGGB는 한국 공군의 F-5E/F에 최초로 장거리 정밀타격 능력을 부여(본문 96페이지 참조), 전술적 가치를 배가했다. KGGB와 AIM-9P4의 조합은 F-5E/F의 전투력을 한 단계 일신시켜 주었다.

❸ 수원기지 제10전투비행단 제201전투비행대대의 F-5E. 기수에 '제공' 마크가 기입되어 있지만 일반형 레이돔, 여압 벤트가 없는 캐노피, 반대편 우측에 위치한 AOA 베인, LEX 각도 등으로 보아 제공호가 아니다. AIM-9P4 훈련탄(Dummy) 디테일에 주의

❹ 편대 간 공대공 기총 사격 연습을 지원하기 위한 다트와 AIM-9P3 훈련탄(더미)을 장착하고 이륙 중인 101대대 소속 F-5E. 수원기지 기체들은 비행대대 마크를 쌍두 호랑이 옆에 도장하는 것은 여느 F-5E/F 대대와 같지만, 비행단 마크를 수직미익에 도장하는 특징이 있다(예천기지 제16전투비행단 기체들과 동일).

1

2

3

4

❶ 센터 파일런에 SUU-20 로켓/훈련탄 디스펜서를 장착하고 활주 중인 KF-5E(전방)와 KF-5F. 상당히 다른 느낌을 주는 기수부 형상 차이를 알 수 있다.

❷ '라스트 찬스' 중의 101대대 소속 KF-5E(전방)와 F-5E. 사진에서 보듯 두 기종 간의 가장 두드러진 차이점은 레이돔 형상/도색 패턴과 수직미익의 T자형 ILS 안테나의 유무이다. 기수의 '제공' 마크 또한 차이점이다. 두 기체 공히 AIM-9 2발과 150갤런 탱크의 방공임무 표준 외장을 하고 있다.

❸ KF-5E/F와 일반 F-5E/F의 외형상의 또 다른 차이점은 전방 동체의 AOA 베인 위치와 캐노피 프레임 후방 여압 벤트의 유무이다. KF-5E(전방)의 경우 AOA 베인이 좌측 전방동체에 위치(전방 노란색 패널 위)하며 캐노피에 여압 벤트가 설치되어 있음을 볼 수 있다.

❹ 날렵하고 날카로운 인상을 주는 KF-5E의 샤크 노즈. 두 문의 기총이 상어의 눈과 같아 흡사 상어같은 기수 모양을 완성한다. 샤크 노즈 레이돔은 측면 안정성을 높혀 고영각 시 기동성 향상에 기여한다.

1

❶ 이전 사진에서 언급한 KF-5E/F와 F-5E/F 간의 차이점을 재확인할 수 있는 KF-5E 전방동체 클로즈업 사진. AOA 베인(F-5E는 반대편 동일 위치)과 캐노피 후방의 여압 벤트를 확인할 수 있다. 또한 KF-5E/F에는 공중기동플랩(Maneuver Flap)에 오토(Auto) 모드가 추가돼 있으며 LEX 크기도 확장됐다.

❷ 설산을 배경으로 비상하는 KF-5E. 메인 랜딩기어 격납 후 노즈 랜딩기어를 격납하는 F-5 계열의 특징을 보여준다. 원주기지 제8전투비행단 제207전투비행대대 기체로 현재는 잠정 해편된 상태. 원주기지는 수직미익에 비행단 마크 등 아무런 도장을 하지 않는 것이 특징이며 207대대는 가장 나중에 창설된 F-5E/F 대대이다.

❸ KF-5F의 날렵한 기수 실루엣. 전방석과 후방석 간의 높이 차이를 알 수 있다.

❹ 조국의 백두대간을 굽어보며 편대비행하는 201대대의 KF-5E 제공호 편대. 마치 한반도에 널리 분포하던 한국 호랑이들을 보는 듯하다. AIM-9P3과 P4를 혼용하고 있다.

3

2

4

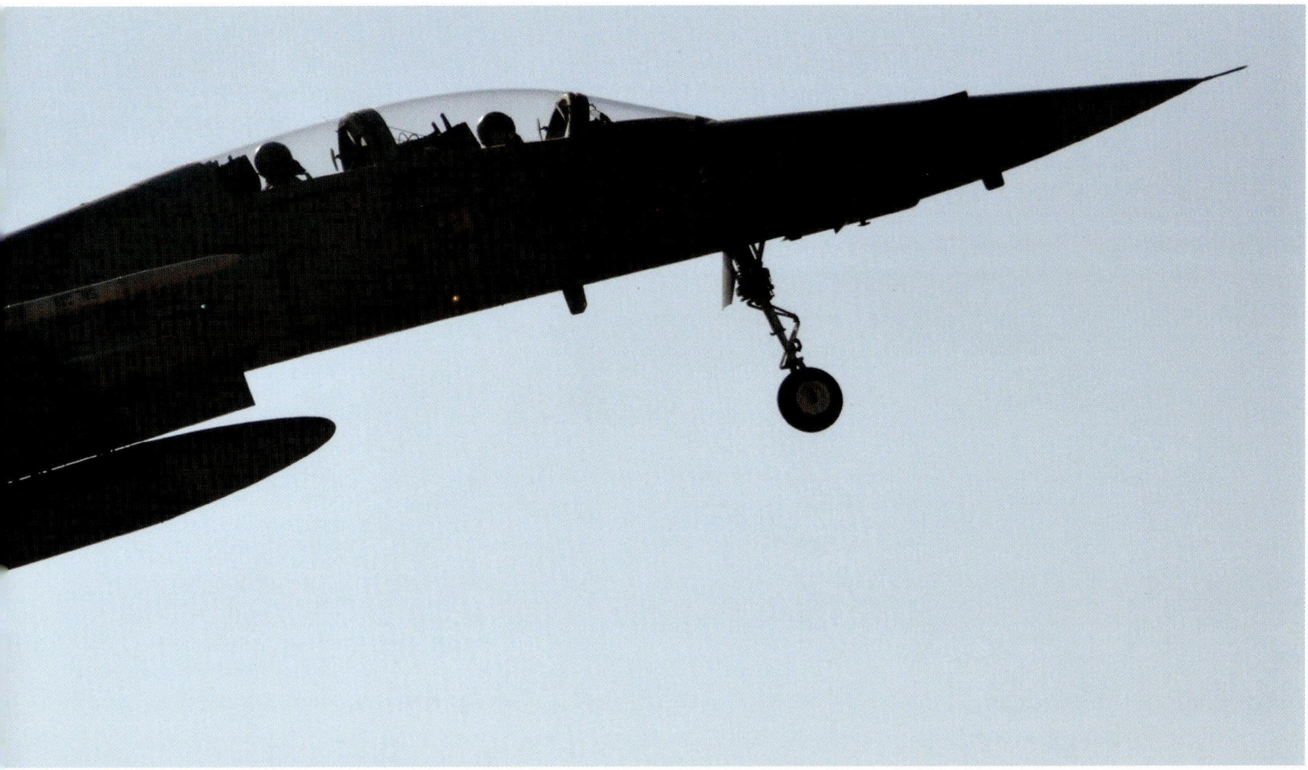

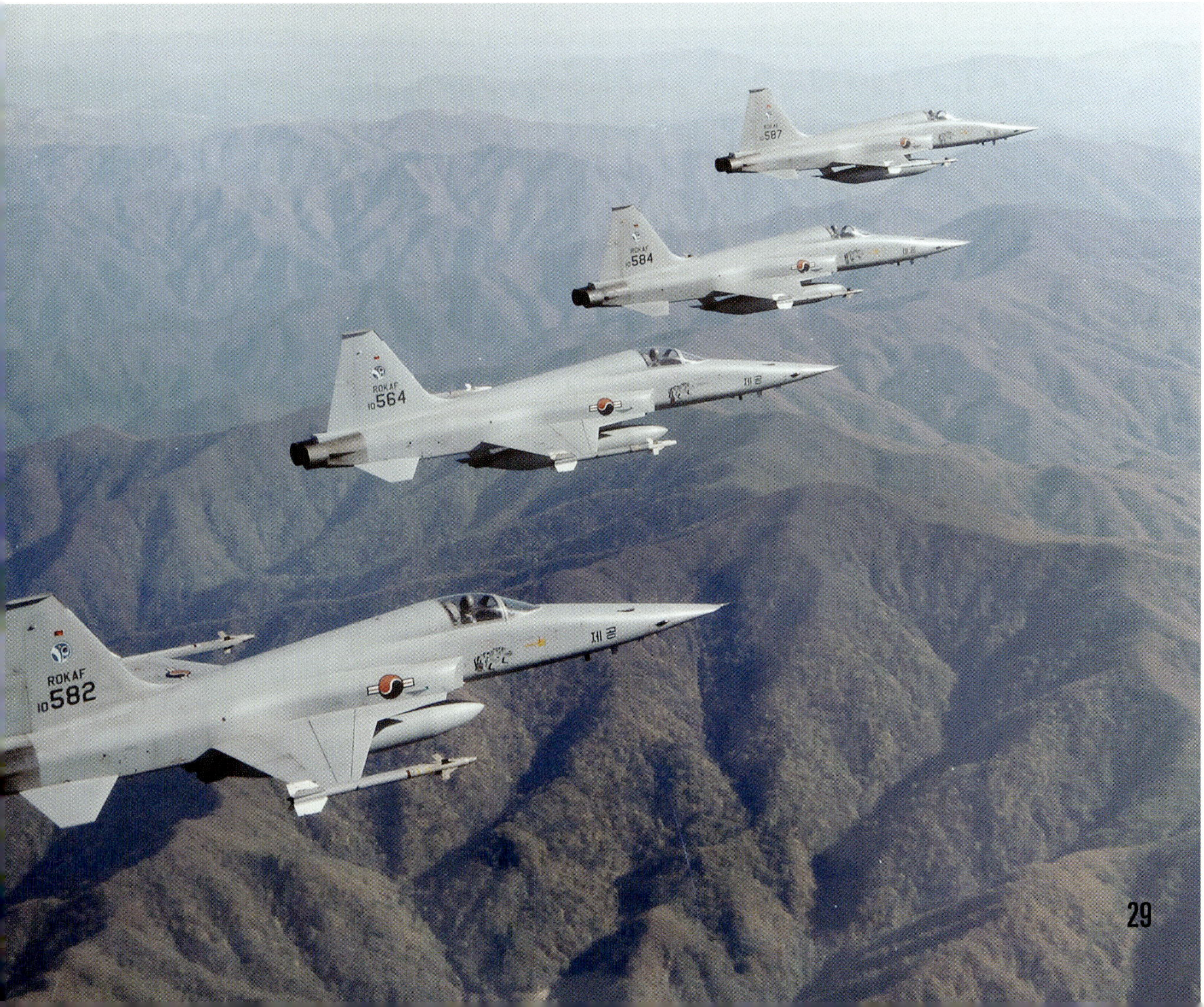

아래

1

2

❶ 익단 파일런에 ACMI(Air Combat Maneuvering Instrumentation) 포드를 장착한 채 착륙중인 101대대 소속 KF-5F. 후방에 어프로치 중인 다른 F-5가 보인다.

❷ 설경과 수도권 아파트 단지를 배경으로 이륙하는 201대대 소속 KF-5E. 수도권 방어에 있어 수원기지의 중요성과 그 운용환경을 보여주는 사진

❸ 드래그 슈트를 전개하며 착륙 중인 KF-5E. F-5 계열은 착륙속도가 빠른 편이라 드래그 슈트를 종종 사용한다.

❹ ORE 화생방 소독 훈련에 참가 중인 F-5. 사출좌석의 헤드 레스트 형상을 통해 신형 사출좌석 교체 전의 구형임을 알 수 있다. 사출좌석 상단의 구조물은 사출시 캐노피를 파쇄하는 역할을 한다. 산소마스크 호스 연결부 구조에 주의

❺ 201대대 KF-5E 운용 요원들. 모든 비행단이 마찬가지지만 수도권 방위와 장기운용항공기 운용을 담당하는 수원기지의 팀워크는 특히 필수불가결이라 할 수 있다. 조종사, 정비사, 무장사 한명 한명의 역할과 긴밀한 협업 없이는 완벽한 임무 수행이 불가능하다.

3

4

5

# 대한민국 공군과 F-5

# ROKAF F-5E/F Walkaround

# 한국 공군 F-5 운용기록

## 대한민국 공군과 F-5

노스롭 F-5 시리즈는 항공산업 역사상 손꼽히는 걸작기이자 상업적으로도 큰 성공을 거둔 베스트셀러 항공기이다. 훈련기 계열인 T-38과 F-5A/B, F-5E/F 계열이 전 세계 35개국에 약 3,800대가 양산돼 공급됐으며 오늘날에도 20여 개 국에서 운용되고 있다. 이렇게 F-5 시리즈가 전세계 시장에서 각광을 받은 것은 우연이나 운이 아니었다. 냉전시대 중소국 공군의 고효율 경량전투기에 대한 제작사의 수요 예측과 그 시장에 대한 치밀한 분석 및 항공기 요구도에 부응하기 위한 기술적 돌파구가 그 성공 요인이었다.

한국은 대만과 함께 최대의 F-5 운용국이다. 한국 공군은 거의 모든 F-5 계열에 걸쳐 총 395대(105 F-5A+37 F-5B, 9 RF-5A, 126 F-5E+20 F-5F, 48 KF-5E+20 KF-5F, 30 T-38)를 도입했으며, 훈련 · 전투 · 정찰 · 곡예비행 임무 등에 대량 투입했다. F-5 시리즈의 최종 개량형인 F-20 타이거샤크(Tigershark) 또한 한국 공군에 도입될 뻔 했으나 한국 공군 제10전투비행단에서 추락 전소되며 도입이 좌절되는 비운을 겪었다.

대한항공

KF-5F 제공호

1965년 도입된 F-5A/B는 한국 공군 최초의 초음속 전투기였으며, KF-5E/F '제공호'는 대한민국이 최초로 국내 면허생산한 항공기였다. 특히 F-5E/F 계열은 한국 공군 전력이 북한 공군에 크게 열세이던 1970년대에 걸쳐 수적으로나 질적으로 한국 공군의 전력지수를 가용한 경제적 자원 내에서 단기간에 급속히 끌어올린 장본인이기도 했다. 또한 전장종심이 짧은 한반도 환경에 적합한 신속한 긴급발진 능력으로 영공방

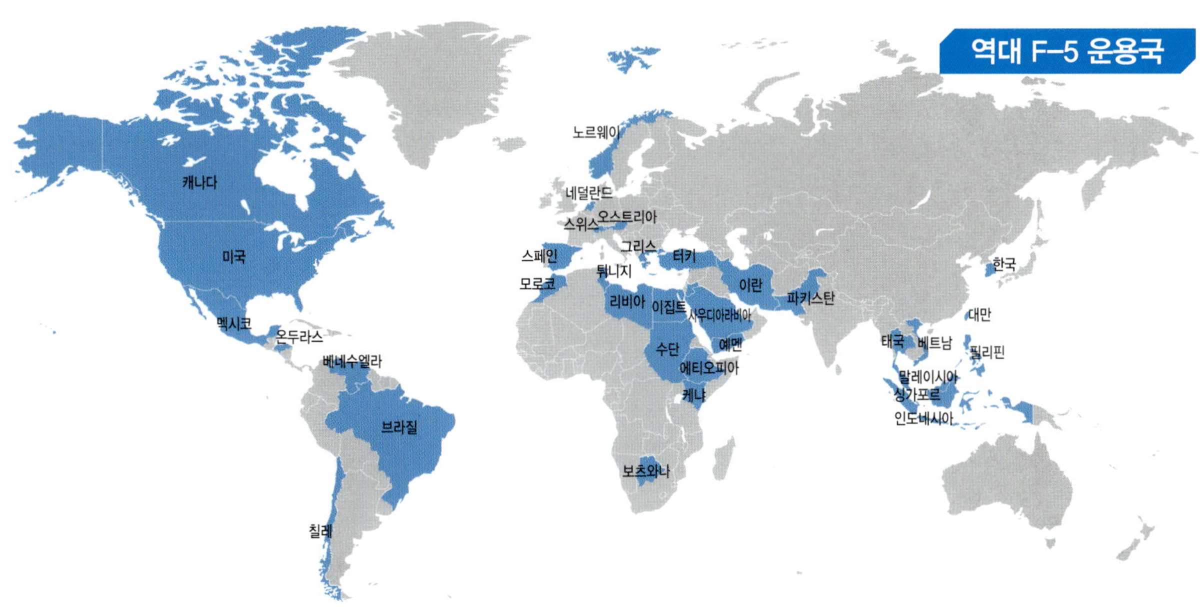


위의 최전선 초병 역할을 도맡아 했다. 그리고 북한 공군의 주력 전투기였던 MiG-21의 호적수로 1970~80년대 F-4와 함께 하이-로-믹스(Hi-Low-Mix) 전력을 이루며 오늘날 한국 공군이 세계적인 공군으로 발돋움 할 수 있도록 기반을 닦은 항공기였다.

아울러 F-5는 한국 공군의 허리이자 상징과 같은 기종으로 "한국 공군의 전투조종사라면 F-5조종사"라고 할 정도였다. 2015년 F-5 시리즈가 한국 공군과 함께 한 지 반세기가 지났고, 대한민국 공군 창군 70주년을 맞는 2019년 현재 3개 비행단 5개 전투비행대대(101, 105, 112, 201, 206대대)에서 F-5E/F와 KF-5E/F가 운용되고 있다. 이들은 순차적으로 최초의 국산전투기 KF-X로 대체될 예정이다.

### 한반도에 선 '자유의 투사'

1960년대에 들어서며 세계 공군 전력에는 '마하 2 시대'가 열리기 시작했다. 미국의 F-4, 소련의 MiG-21로 대표되는 마하 2급의 전투기들이 동서양 진영을 대표하며 급속도로 전력화되기 시작했다. 북한 공군도 소련의 적극적인 군사원조 하에 MiG-21을 실전배치하기 시작했던 반면, 마하 2의 바람은 한국 공군에는 불지 않고 있었다.

당시 한국 공군의 주전력은 미 공군으로부터 인수받은 중고기로 F-86 계열을 주력 전투기

공군 창설 20주년 기념 우표의 F-5A

공군

F-5A 인수 66.5.30 진해

공군

공군

공군

공군

전 남베트남 공군 소속 F-5A 인수

F-5A 조종석을 들여다보는 박정희 대통령. 아직 미 공군 마크가 도장되어 있음을 알 수 있다.

로 하고 있었다. 이러한 전력으로는 북한 공군의 MiG-19, MiG-21을 상대하기란 거의 불가능한 수준으로 남북의 공군력 차이는 심각한 수준이었다.

당시 한국 공군은 최신예 전천후 전투기 F-4의 도입을 간절히 원하고 있었으나 이스라엘, 일본, 유럽 등과는 달리 2급 우방국인 한국에 미 정부는 F-4 도입을 허가하지 않고 있었다. 표면상 이유는 한국 공군의 F-4 운용 및 유지능력 부족이었다. 그러나 한국 정부의 꾸준한 신예기 도입 요구와 급성장과 현대화 일로의 북한 공군 전력을 좌시할 수 없었던 미 정부는 결국 1965년 4월 30일, 군사원조사업(Military Aid Program; MAP)의 일환으로 F-5A/B 1개 대대(F-5A 16대, F-5B 4대)를 한국 공군에 공여했다. 이란 공군에 이어 두 번째였다.

군사원조사업은 제3세계 우방들을 위해 보급형 초음속 전투기를 공여하는 계획으로서, 한국 공군은 F-5A 도입으로 최초의 초음속 시대를 열게 됐다. 한국은 군사원조사업 대상국가 중에서도 F-5A/B 계열을 대량 도입한 국가로서, 1965년부터 1972년 사이 F-5A 88대, F-5B 20대를 도입하게 된다. 군사원조사업은 미 회계연도 1963년 29대, 1964년 3대, 1965년 17대, 1966년 5대, 1967년 14대, 1968년 6대, 1970년 3대, 1971년 10대에 걸쳐 항공기를 공여했다. 미 공군의 미 본토 F-5A 교육 1차 훈련 프로그램에 최초로 참가한 공군은 한국과 이란 공군이었고, 한국 공군은 4명의 조종사를 파견했다.

1965년 4월 30일 F-5A 최초 인수식. 미 공군 마크를 떼어내자 그 아래 한국 공군 마크가 드러난다.

*Interview*

# F-5 사람들

## 나채성

**학교법인 홍신학원 설립자 겸 이사장**

(F-5A/B 조종사, 최초 F-5A/B 전투비행대대 105대대 창설 요원)

- 제5기 조종 간부 후보생
- 공군 소위 임관
- 건국대학교 법정대학 정치외교학과 졸업
- 미국 공군대학 유학
- 공군대학 교관 재직(소령 예편)
- 연세대학교 행정대학원 졸업
- 화곡중학교/고등학교 초대 교장
- 학교법인 홍신학원 이사장
- 현 학교법인 홍신학원 설립자 겸 이사장

### Q 간단한 자기 소개를 부탁드립니다.

공군 예비역 소령 나채성입니다. 지금은 홍신학원 이사장을 맡고 있습니다. 73년도 전역할 때까지 2,900시간의 비행시간을 기록하였습니다. 주기종은 F-86F이고 최초의 F-5A/B 전투비행대대인 105대대 창설멤버였습니다. T-33 IPIS(계기비행교관과정) 평가 교관을 지내기도 했습니다. 공군을 떠난 후 학원 사업에 평생을 헌신하며 6만여 명의 후학을 배출했지만 공군 전투조종사였음을 항상 자랑스럽게 생각하고 있습니다.

### Q 전투조종사의 길을 걷게 된 계기는 무엇이었습니까?

어린 시절 6·25때 공군의 활약과 위력에 깊은 인상을 받고 있었습니다. 저는 충북 영동출신인데 유성의 공군 휴양소에 빨간 마후라를 맨 조종사들을 보고 멋지고 특별하다고 생각했습니다. 그 당시 하늘의 사나이의 이미지와 위상은 대단했지요. 공부를 곧잘 했지만 집안 형편상 대학에 갈 수 없었던 상황에 마침 공군 조종간부 모집 공고를 보고 지원을 했습니다. 1956년 11월 28일

대전 항공병학교에 입교하여 조종간부 5기(공사 7기와 8기 사이)로 1959년 9월 25일 공군 소위로 임관하였습니다. 3년 여의 교육과정 중 6개월의 장교후보생 교육, 일반교양, 통신교육, 영어교육, 정비교육 등의 종합 교육을 받았습니다. L-9으로 초등비행훈련, T-6로 중등비행훈련, T-33으로 고등비행훈련을 단계적으로 마치고 3개월 간의 F-86F CRT 훈련 후 1959년 12월 김포비행장의 111대대에 F-86F 조종사로 배치되었습니다(111대대는 후에 F-5로 기종 변경). 같이 입대한 63명 중 소위로 임관한 동기생은 29명에 불과했고 전투조종사로 배속받은 동기생은 20여명 정도에 불과했지요. 더구나 4명의 동기생이 불의의 사고로 유명을 달리하였으니 가슴이 아픕니다.

## Q 비행 중 기억에 남는 에피소드는 무엇입니까?

주기종인 F-86F 비행 중 생사가 갈릴 뻔한 적이 있었습니다. 김포비행단에 근무하던 1960년 초겨울 야간비행이 있었는데 2기 편조로 항법계획에 따라 포항과 대구를 거쳐 귀환하는 임무였습니다. 당시 선두 분대장이 후에 공군 참모총장이 되는 정용후 중위였고 저는 윙맨으로 비행을 하다가 분대장기에 이상이 생겨 제가 리드를 하게 되었습니다. 그런데 칠흑 같은 어둠 속에서 어느 순간 분대장기가 사라져 버렸고 저도 지점을 상실하게 되었습니다. 정상 항로에서 많이 벗어난 것 같아 고도를 높이고 주파수를 이리 저리 돌려가며 콜(call)을 해도 교신이 되지 않았습니다. 등줄기에 식은 땀은 흐르고 연료 부족 경고등이 들어와 연료 한 방울 한 방울이 핏방울 같았습니다. ADF와 TACAN으로 김포 비행장을 맞추고 민가의 피해를 줄이기 위해 기수를 도심으로부터 돌렸습니다. 이러다 죽는구나 하는 찰나 "Fire Bird"라는 콜싸인이 라디오에서 들려왔습니다. 김포 관제탑과 교신이 이루어진 것이었습니다. 기적같은 일이었습니다. 그렇게 비상착륙을 해서 목숨을 건질 수 있었습니다. 실

나채성 이사장의 공군 재직 기념물. 105대대 패치가 보인다.

## Interview F-5 사람들

종된 분대장기는 방향을 잃고 남쪽으로 비행하다 무등산 부근에서 추락했고 정용후 중위는 비상탈출해서 살았다는 소식이 어렴풋이 들렸습니다. 절체절명의 위기에서 기적처럼 목숨을 건지고 나니 긴장이 풀리면서 깊은 잠에 빠졌었지요. 후에 공군참모총장을 거쳐 국방장관이 된 당시 주영복 비행단장이 "정용후 어디 갔냐?"고 소리치던 목소리가 지금도 귓가에 맴도는 것 같습니다(웃음).

**Q 최초 F-5A/B 전투비행대대 (105대대) 창설 요원이셨습니다. 당시 F-5A의 기억은 어떠신가요?**

당시 신예기 F-5A/B가 도입되면서 기종전환 조종사로 선발되었습니다. 후에 공군참모총장이 된 당시 한주석 대위와 역시 공군참모총장이 된 조근해(헬기 사고로 순직) 대위도 전환교육 동기생들이었지요. 수원기지에서 105대대가 최초의 F-5A/B 전투비행대대로 창설되어 광주로 이전하였습니다. 당시 유려한 디자인의 최신예 초음속기로서 박정희 대통령도 큰 관심을 보이셨

당당한 체구의 F-5A 조종사 나채성 대위

F-5A 기종전환 조종사들. 뒷줄 왼편에서 5번째가 나채성 대위, 2번째가 한주석 대위(20대 공군참모총장).
앞줄 가장 왼쪽은 조근해 대위(22대 공군참모총장)

고 대중의 인기를 한 몸에 누리던 F-5A 였습니다. F-86에서는 경험할 수 없었던 초음속 돌파 때는 '쉬익' 하는 쇼크 웨이브 느낌이 있었습니다. F-5A는 F-86 대비 상승력이 월등했습니다. F-86으로는 20,000피트를 20분에 걸쳐 올라가는데 F-5A는 5분 내에 선회하며 도달할 수 있었습니다. 가속력이 우수했기 때문에 기존 전투기들보다 긴급발진 능력이 우수했습니다. 선회성능은 익면하중이 낮은 F-86이 더 우수했습니다. F-5A는 날개가 작아 F-86 대비 스톨에 더 잘 들어가는 편이었지요. F-5A에서는 무기체계도 기총에서 미사일로 중심이 옮겨오게 되었습니다. 처음으로 오키나와까지 장거리 항법 비행 훈련도 실시했었지요. F-5A는 사실 미국이 중소 우방국에 공여하기 위해 제작한 전투기라서 고급은 아니었습니다. 조종사 개인으로서는 F-86을 선호했습니다. 또한 F-5A는 미국이 사용하는 기종이 아니기에 그 운용에 있어서 '미 군사고문단'에 크게 의존했습니다. 나중에 자주국방의 기틀이 닦이면서 그러한 의존성이 사라져 갔지만요.

**Q 대한민국 공군에 있어 F-5의 의의는 무엇이라고 생각하십니까? 마지막으로 공군에 대한 소회를 밝혀 주신다면 감사하겠습니다.**

한국 공군에 최초의 초음속 시대를 열고 경제적으로나 군사적으로 어려워던 시절에 현대적인 공군력을 생각할 수 있게 해 준 항공기라고 생각합니다. 그러한 항공기를 탈 수 있도록 해준 우리 공군에 감사하고 공군에 있을 때 미 공군대학 AIC에 유학하여 고등교육을 받을 수 있었던 기회에도 감사합니다. 전역 후 저는 최소 5년 이상의 교사 경력이 요구되는 교장이 될 수 있었는데 공군대학에서의 4년 반과 미 공군 대학 교관과정 덕분이었습니다. 공군이 없었다면 오늘의 나도 없었을 것이라고 생각합니다.

# Interview F-5 사람들

## 이억수

**전 공군참모총장**

(공사 14기, F-5A/B, F-5E/F, F-5 블랙이글스 팀원)

- 제16전투비행단장
- 제19전투비행단장
- 한미연합사 정보참모부장
- 공군본부 인사참모부장
- 공군본부 정보작전참모부장
- 항공사업단장
- 공군참모차장
- 합참 전략기획참모본부장
- 공군참모총장(2000년 3월 2일)
- 한국 석유공사 사장(3년 이상 재직)
- 공사총동창회장
- 대한민국 성우회 공군부회장
- 공군발전협회장 겸 공군전우회장

**Q 총장님께서는 어떤 계기로 전투조종사가 되셨습니까?**

제가 원주고등학교 출신인데 모교 출신 공군사관학교 생도들 2명이 학교를 방문하여 공사를 홍보했습니다. 이를 계기로 공군사관학교에 진학했고 전투조종사의 꿈을 가지고 소정의 훈련을 마친 후 전투조종사가 되었습니다. 총 비행시간 3,500시간을 보유하고 있으며 그 중 2,000시간이 F-5 비행시간입니다. T-33 교관으로서 1,300여 시간을 비행했고 나머지는 기타 비행훈련 시간입니다. 결과보다는 과정이 중요하다는 신념으로 성실하고 정직하게 비행과 군생활에 임했습니다.

**Q 조종사로서 F-5 항공기에 대한 의견을 부탁드립니다.**

제가 대위까지 조종했던 F-86에 비하면 도입 당시의 F-5A는 그렇게 좋을 수가 없었습니다. 쌍발 엔진에다가 후기연소기(A/B)가 있어 가속과 상승력이 좋았습니다. 또한 낡은 F-86에 비해 조종석 계기가 새로운 것이어서 야간비행이나 전천후 비행에 있어 안전성이 우수했지요. 선회성능이 F-86에 비해서 떨어졌지만, 대신 F-5의 수직 기동 능력을 이용한 전술과 치고 빠지는 'Hit and Run' 전술을 훈련하면서 적의 도발에 대비를 했습니다. 북한 공군기의 영공 침범이나 간첩선 침투가 발생했을 때에는 비상대기 중 신속하게 출격하여 대처했는데, 지상에서 항공기 좌석 대기 시는(Battle Station) 최대 1분 30초 만에, 비상대기실 출동 시는 2분 30초 만에 이륙이 가능했습니다. 이는 F-86 같은 전세대 전투기를 비롯해 그 어느 항공기보다도 빠른 것으로 즉응(신속대응) 전력으로서 자신감을 가지고 비행을 할 수 있었습니다.

**Q 총장님께서는 4년간 블랙이글스 팀원으로 활동하셨습니다. F-5 블랙이글스 시절의 이야기를 부탁드립니다.**

제가 블랙이글스의 팀원으로서 비행을 한것은 1974년부터 1978년까지였습니다(75년은 미국 교육으로 불참). 당시에는 우리 공군의 전투기 대수 부족으로 지금처럼 별도 특수비행팀 대대를 창설하지 못했고 국군의 날(10월 1일) 행사를 위해 6월 중순에 조종사를 선발하고 항공기를 차출하여 3개월 정도 훈련 후 특수 비행을 하였습니다. 국군의 날, 여의도 광장에 대통령을 모시고 공군 전투기 편대의 Fly-by 패스 후 블랙이글스가 대미를 장식하는 패턴이었습니다. 여의도는 지상에 장애물이 많아 기동이 어렵고 공군 기지와 달리 참조점도 없고 시정도 좋지 않아 비행하기가 무척 어려운 환경이었습니다. 항공기 중량 감소를 위해 기총을 제거한 F-5A/B 항공기와 기총과 정찰 카메라를 제거한 RF-5A 항공기를 사용했는데, 행사 후 조종사들은 다시 자대로 배치되었다가 이듬해 다시 조종사와 항공기를 준비해서 비행을 하게 되었습니다. 그렇게 매년 팀 결성과 해산을 반복하면서도 매번 가슴 뭉클하게 에어쇼에 임했던 기억이 소중히 남아 있습니다. 전투조종사들의 일반적인 비행은 이륙할 때, 착륙을 위해 귀환할 때 편대비행을 하는데, 블랙이글스 비행은 2기, 4기, 6기, 8기가

이억수 총장이 팀원이던 1976년의 블랙이글스 패치

Interview
## F-5 사람들

실제 편조대로 자리한 블랙이글스 팀원들(상단부터 1번기). 4번기였던 이억수 총장은 앞줄 제일 왼편에 자리잡고 있다.

함께 편대를 만들어 기동을 하는 것이 특징입니다. 서로의 팀워크가 생명이고 편대장을 따라 숨소리도 서로 같아야 할 정도이지요. 기억에 남는 일은 처음 2기로 기동을 할 때 어려운 루프 편대비행을 성공리에 마쳤을 때였고 그 후 4기, 6기로 기동을 성공했을 때 기쁨이 대단했습니다.

한번은 여의도 5.16광장(현 국회의사당 앞) 상공에서 6기가 루프 기동 후 5, 6번기가 좌우측으로 흩어지면서 나머지 4기와 다시 만나야 하는데 시정이 나빠 편대기와 단독기 5, 6번기가 만나지 못해 비행을 마친 후 착륙해서 서로 눈물을 훔치던 기억이 납니다. 그렇게 열심히 준비했고 연습 때는 잘 되던 것이 하필이면 본 행사에서 실패를 하니 어찌나 안타깝던지요.

저는 4번기 위치에서 비행을 많이 했는데 선도 항공기를 따라가기 위해 4기 또는 6기 기동 중 항공기 파워를 가장 많이 써야 해서 보통은 사용하지 않는 애프터버너 한 쪽을 계속 사용하면서 비행해야 하는 어려움이 있었습니다. 전방기의 후류 때문에 제 항공기의 수직날개 끝이 떨어져

나간 경험도 있었습니다. 큰 지장없이 안전하게 착륙을 할 수 있어서 그나마 다행이었지요.

곡예비행이 아닌 준비과정에서 목숨을 잃을 뻔 한 아찔한 경험도 있었습니다. 1974년 9월 12일, 헬기로 사전 답사를 하는데 우리 헬기의 비행 경로가 수방사 방공포 부대에 제대로 전달이 안 되어 서울 도심의 대공 기관포의 사격을 받았어요. 헬기에 두 발을 맞았지만 다행히 용산 헬기장에 비상 착륙하여 블랙이글스 조종사 7명과 당시 작전전대장, 헬기 조종사들의 생명을 구할 수 있었습니다. 블랙이글스 재임 동안 평생 잊지 못할 경험이었습니다.

1978년 국군의 날에는 Fly-by를 하던 전방의 F-4 팬텀기가 크라운 맥주 지붕 쪽으로 추락하는 불상사가 나는 바람에 뒤따라 들어오던 저희 블랙이글스 에어쇼가 취소되는 안타까운 사태가 벌어지기도 했습니다.

블랙이글스 시절 가장 기뻤던 순간들은 에어쇼를 잘 마치고 안전하게 활주로에 착륙했던 순간들이었습니다. 한편 지상에서는 아슬아슬하게 곡예 비행을 하는 아버지를 가족들이 마음을 졸이며 보고 있었습니다. 우리 남편이, 우리 아버지가 무사히 잘 내려오셔야 할텐데 하고 말이죠.

블랙이글스 팀장이 되면서 기동성이 더 우수한 F-5E를 블랙이글스 항공기로 사용하고자 했습니다. 하지만 상부에서 북한의 위협이 크니 팀을 해산하라고 지시가 내려왔습니다. 그러다 김홍래 총장님의 큰 결심으로 95년도에 A-37 항공기로 상설 팀으로서 재창설되었습니다.

2001년 참모총장 재직시절 블랙이글스 대대를 방문하여 후배 조종사들을 격려하는 이억수 총장

당시 F-5는 역동적인 에어쇼를 하기에는 파워도 부족하고 선회반경이 커 관객의 시야에서 사라져야 했습니다. 하지만 T-50B를 운용하는 오늘날의 블랙이글스는 항공기의 성능을 십분 발휘하여 시야에서 사라지지 않으면서도 과감하고 화려한 비행을 펼치는 등 세계 최고 수준의 특수비행을 선보이는 모습이 이루 말할 수 없이 자랑스럽습니다. 블랙이글스의 선배로서 블랙이글스 대대를 종종 방문하여 격려하고 치하하곤 했습니다.

Interview
# F-5 사람들

**Q F-5를 비행하시면서 기억에 남는 에피소드나 추억이 있으시면 소개바랍니다.**

F-5A 편대원이던 시절 방한한 외국 정상의 전용기를 호위하던 임무가 기억에 남습니다. 공군기가 공중 호위 후 일정 경로에서 이탈하는 지금과는 달리 당시는 김포 비행장에 전용기와 함께 최종 착륙단계까지 저속으로 비행을 해야 했습니다. 그런데 최종 착륙단계까지 엄호 비행을 하던 분대장기와 날개 끝이 서로 부딪치는 아찔한 사고가 발생했습니다. 전용기의 착륙속도에 맞추다 보니 실속 속도 직전까지 속도가 떨어져 항공기의 조종성이 감소하면서 발생한 일이었습니다. 순간 비상탈출을 해야 하나 하는 생각이 들었는데 아래 보이는 건물들을 보면 그럴 수가 없었습니다. 다행히 증속하여 다시 조종성을 회복하면서 비상상황을 벗어났고 항공기 파손도 경미하여 불행 중 다행이었습니다. 그 후엔 귀빈 전용기 호위 임무의 절차가 착륙 접근단계 이전까지만 하는 것으로 바뀌었습니다.

대위 시절 가상 야간 간첩선 격침 훈련 중에는 비행착각에 빠질 뻔한 순간들도 있었습니다. 고온리 사격장에서 야간에 조명탄을 터뜨리고 사격을 하고 pull-up을 하는데 나도 모르게 이상 자세에 돌입한 때가 있었습니다. 공군에서 배운 대로 "계기를 믿어라"를 실천했고 그렇게 위험에서 빠져나올 수 있었습니다. 당시 구식 항공기들에 비해 F-5A의 계기가 좋았기 때문에 항공기를 더 믿을 수 있었습니다. 사실 F-5A는 대간첩선 격침과 같은 임무에는 적절치 않은 기종이었고 더군다나 야간 임무는 목숨을 걸고 수행하는

수원기지를 방문한 박정희 대통령과 악수하는 이억수 총장

것이었는데 우리 해군이 간첩선을 추격할 만한 변변한 배도 없던 시절이라 선택의 여지가 없었습니다.

F-5E/F로 기종 전환을 하여 수원기지의 101대대장을 지내면서는 공군 최초로 5만 시간 무사고 비행을 수립하여 부대 표창을 받았습니다. 1983년 이웅평 대위가 귀순했을 때는 101대대가 호위임무를 성공적으로 수행하여 대통령 표창을 받고 임무 조종사가 포니 자동차를 포상으로 받기도 했는데 포상 조종사가 운전을 하지 못해 운전병이 자동차를 대신 받아 온 추억이 있습니다(웃음). 101대대에서 사격 대회 우승을 했을 때도 조종사로서 잊지 못할 추억입니다.

## Q F-5가 대한민국 공군에 가지는 의의에 대한 말씀 부탁드리겠습니다.

1965년 F-5A/B 도입 후 1970년대 중후반에 개량형인 F-5E/F를 도입한 이래 총 반세기, 그리고 아직까지 우리 공군에서 근 40여 년간 F-5E/F를 운용하고 있는 것은 자랑스러운 일인 동시에 안타까운 일이라고 생각합니다.

당시 미국이나 다른 우방국에서는 F-5보다 성능이 우수한 전투기들이 있었지만 나라의 경제 여건과 미국의 정책 때문에 F-5가 우리가 가질 수 있는 최선의 항공기였고 그동안 북한의 수많은 간첩선 침투과 영공 침범을 분쇄하는데 많은 기여를 하였습니다. 현재 우리의 주력 전투기인 F-15, F-16, F-35 대비 F-5의 성능이 비교도 되지 않지만 60년대와 70년대에 걸쳐 기존의 구형 F-86F와 AT-33 항공기로 북한의 도발에 대응하던 것을 당시로서는 그나마 신예기로서 사정이 나았던 F-5를 투입함으로써 특히 야간비행 사고도 줄이며 귀중한 조종사의 생명도 구하면서 전과도 많이 올렸다고 생각합니다.

지금은 다르겠지만 현역조종사 또는 예비역 조종사 대부분 F-5를 비행했기 때문에 현재 세계적인 우리 공군 전력 건설에 토대가 되었다고 생각합니다. 이렇게 북한의 도발을 저지했던 기여와 F-5를 두루 비행하면서 쌓인 조종사들의 기량 향상이 F-5가 우리 공군에 기여한 의의라고 하겠습니다.

저는 F-16이 처음 도입되면서 제19전투비행단의 초대 단장을 지냈는데 F-16같은 최신예 고성능 전투기를 우리공군이 성공적으로 운용할 수 있었던 기반에는 F-5를 통해 쌓은 경험과 기량이 있었다고 생각합니다.

공군

최초의 F-5A/B 비행대대인 제105전투비행대대의 항공기 인수식. 선두열 조종사의 가슴에 105대대 패치가 보인다.

1964년 10월 15일, F-5A/B 도입에 대비해 10전비 예하에 제105전투비행대대가 창설됐고 1965년 4월 30일, 10전비 F-5A/B 전투기 최초 도입분 20대에 대한 인수식이 거행됐다. 추가 도입된 14대의 F-5A는 같은 10전비 소속 제102전투비행대대에 배속됐다. 이어 1966년 5월 1일에는 제11전투비행단 예하에 제110전투비행대대가 F-5A 운용대대로 창설됐다. RF-5A는 레이다를 장비하지 않는 F-5A의 기수를 떼어내고 KS-92A 전방 및 측면정찰용 파노라믹 카메라 4대를 장착한 전술정찰기로 기존 RF-86F 전술정찰기가 점차 퇴역하고, 당시 북한이 휴전선 인접지역의 대공화력을 강화함에 따라 9대가 도입됐다. F-5A 및 RF-5A는 10전비 소속 특수비행팀 '블랙이글스' 기종으로 일시 운용되기도 했다.

공군

RF-5A

공군

당대의 최신예기로서 한국 공군의 AT-33, F-86D 및 미 공군의 F-102 델타대거와 비행 중인 F-5A

제공미채 도장을 한 122대대의 F-5A.
레이돔처럼 기수를 검정색으로 도색하였으나 사실 레이다는 탑재되어 있지 않다.

M177 750 파운드 폭탄을 투하하는 F-5A

소련 해군항공대 An-8을 추적 감시하는 F-5A

## "그렇게는 못 하겠다"

1970년대 초, 미국은 월남에서 철수를 준비했다. 1968년 평화회담이 시작된 지 5년이 지난 1973년 1월 27일에야 파리 평화협정이 체결됐다. 평화협정의 명분을 살리기 위해 미국은 남베트남군에 대한 군사력을 보강해 주기로 했는데 남베트남 정부는 강력한 공군력, 특히 F-4 전투기를 요구했다. 남베트남은 F-4 공여 대상국이 아니었으므로 미 정부는 F-5를 제공하기로 했는데 여기서 문제가 발생했다. 미 공군이 보유하지도 않은 F-5를 구할 마땅한 방도가 없었던 것이다.

1972년 10월 미국은 한국 공군이 당시 보유하고 있던 F-5A/B 전량 76대를 남베트남에 넘겨주라고 한국 정부에 요구했다. 이에 한국이 강하게 반발하자 이번엔 대수를 줄여 48대를 넘겨주라고 했다. 박정희 대통령이 재차 강하게 반발하자 미국은 F-5A/B를 가져가는 대신 F-5B와 유사한 고등훈련기 T-38을 제공하겠다고 제의했다. 박대통령은 1968년 북한 무장공비가 청와대를 기습하려 했던 1.21 사태, 푸에블로함 나포사건, 1969년 4월 북한 공군 MiG-21의 미 해군 정찰기 EC-121 격추사건을 예로 들며 "한반도 위기상황이 심상치 않은데 한국 공군 주력기인 F-5A/B를 빼낼 수는 없다. 그럴려면 T-38이 아닌 F-4를 달라"고 주장했다.

박대통령은 F-5A/B 2개 대대(36대)를 F-4D 1개 대대(18대)와 교환할 것을 강력하게 요구, 결국 이를 관철시켰다. 또한 F-5A 개량 후계기인 F-5E 제공을 약속받았다. 사실 F-5A/B는 공여된 기체들로 미 공군의 재산임을 생각하면 되로 주고 말로 받은 셈이었다. 미 정부 입장에서는 이상한(?) 이 거래에 대해 당시 공군참모총장이었던 옥만호 대장의 회고를 들어본다(한국형 경제건설 제5권 인용).

"1972년 11월 미국 정부의 강력한 훈령을 받고 하비브미 대사가 찾아왔다. 한국 정부와는 기본적인 합의가 이루어졌으니 한국 공군의 F-5A/B를 필리핀의 클라크 공군기지까지 수송해 달라는 것이 그의 요구사항이었다. 그래서 나는 F-5가 36대나 없어지게 되는데 한국의 영공을 책임지고 있는 참모총장으로서 그렇게는 못하겠다. 그러니 F-4를 먼저주고 그 다음에 갖고 가라. 그것도 한국 내에 주둔하고 있는 미 공군의 F-4를 주게 되면 한미공군 전체로 보면 방위력을 약화시키는 결과가 되니 안되겠다. 딴 곳에 주둔하고 있는 F-4를 갖고 오라고 했다."

한국공군의 F-4D

Finger Four 대형으로 편대비행하는 F-5A와 F-5B. 401번기를 포함한 이들 항공기들은 F-4D 와 맞바꾸어 베트남으로 이전된다.

결국 F-4D 팬텀 18대가 대구 11전비에 도착했다. 한국 공군의 F-5A/B 36대도 같은 곳에 집결했다. 이곳에서 F-4는 태극마크를, F-5는 미국 마크로 도장을 하고 서로 맞바꾸게 됐다. 다르게 말하면 남베트남은 아직 F-4를 공여할 수 없는 우방이고, 한국은 F-4 공여국이 됐다는 의미이기도 했다(1969년 박정희 대통령과 존슨 대통령의 정상회담 결과, 한국 공군은 같은 해 최초의 F-4D 1개 대대를 공여받은 바 있다). 또한 한국 공군 보유 항공기들은 미 정부 재산이고, 따라서 미 정부 뜻대로 하겠다는 현실이었으며, 결국 한국 공군은 우리 재산인 보유기가 한 대도 없다는 의미이기도 했다. 당시 박정희 대통령은 F-5A/B가 사실상 우리 것이 아니라는 사실에 충격을 받았다고 알려진다.

월남 패망 후 11대의 F-5A가 다시 한국 공군에 반환됐다. 신규 도입된 1개 대대분 F-4D는 F-5A/B를 내어준 110대대에 배치, 11전비에 배속됐다. 1969년 최초 도입된 11전비 소속 151대대의 F-4D 16대와 함께 한국 공군은 도합 34대의 F-4 전력을 구성하게 됐다. 단시간 내 동북아에서 가장 현대적인 공군 전력을 보유하게 된 것이다. 하지만 이 무렵에도 남북한 공군력에는 아직도 양과 질 모든 면에서 많은 격차가 있었다. 물론 한국 공군의 열세였다.

- 마하 2급: 한국 공군 F-4(34대), 북한 공군 MiG-21(90대)
- 마하 1급 및 아음속: 한국 공군 F-5A/B(63대), F-86F(98대) 합계 161대. 북한 공군 MiG-19(20대), MiG-17(340대), MiG-15(60대) 합계 420대
- 폭격기: 한국 공군 전무, 북한 공군 IL-28(70대)

한국 공군의 F-5A는 F-4D와 하이-로-믹스(Hi-Low-Mix)를 이루며 현대적인 공군력의 근간을 만들어 갔다. 특히 대간첩작전에서 간첩선 퇴거 및 격침 등 강력한 공중지원 자원으로 활약했는데 1967~1985년 사이 10여 회의 대간첩 작전에 투입된 바 있다.

F-5가 투입되었던 주요 간첩선 격침 작전은 다음과 같다.

### 1. 격렬비열도 근해 간첩선 격침

(55페이지 F-5 사람들-최희영 장군 인터뷰 참조)

### 2. 대흑산도 간첩선 격침

1969년 6월 11일 전남 신안군 대 흑산도 남쪽 해안에 접근해오던 75톤급의 대형 무장 간첩선이 발각됐다. 이미 3명이 자선을 타고 상륙해 거물 간첩 김용규를 북한으로 복귀시키기 위해 접선하던 중 미리 첩보를 받고 대기하고 있던 공군 F-5A가 수송기가 투하하는 야간 조명탄 아래에서 공격했다. 전폭기가 발사한 로켓탄들은 도주를 꾀하던 간첩선에 정통으로 명중했다. 간첩선은 항해를 멈추고 바다에 표류했다.

해군은 이를 감시하다가 날이 밝자 선체 수색을 해서 7구의 시체를 발견했다. 불타는 배를 버리고 도주했던 간첩들은 흑산도 군도 일대에 대한 대대적인 군경 합동의 수색작전에 의해 6월 16일 흑산도 예리의 한 바닷가 동굴에서 발견돼 6명 전부 사살됐다. 총 인원 15명 중 7명이 바다에서, 나머지 6명이 육지에서 사살되고 나머지 2명은 폭풍에 바다로 쓸려가 익사한 것으로 추정된다.

간첩선은 75톤급으로 시속 35노트의 쾌속을 자랑하는 고성능의 대형 간첩선이었다. 무장은 82mm 무반동포(북한 명칭으로 비반동포) 1문, 40mm 기관포 4문, 14.5mm 쌍신 기관총 2정으로서 어지간한 정규 해군 전투함 수준의 무장이었다.

82mm 무반동총은 1969년 6월 9일 심야, 묵호 침투 간첩선 사건 때 해안에 침투하던 간첩선에서 해안 초소와 교전하면서 발사했던 한 발이 삼척산업 사택 이대운씨 집에 명중해 이 씨 내외와 3명의 자녀 5명 일가족 전원을 몰살시킨 위력이 있었다. 특히 흑산도 간첩선 사건 당시 공군기 출동은 해안선에 접근하던 간첩선을 공격한 것으로서 바다에서 고속으로 도주하던 간첩선을 공격하던 다른 공중작전과 차이가 있다.

**흑산도 간첩선 격침 유화**

흑산도 간첩선 격침은 1969년 6월 12일 북한 무장간첩선이 남한의 고정 간첩과 접선하기 위해 전남 신안군 흑산도 해상에 출현하자 3군 합동작전으로 간첩선을 격침시킨 야간 대간첩작전이었다. 이 유화는 해상침투를 기도하는 무장간첩선을 적시에 포착, 우리 공군 F-5A 전투기가 북한 무장간첩선을 성공적으로 격침시키는 장면을 그린 대간첩작전기록화로 역사적 가치가 있다.
(공군군사재 제 60호)

대한뉴스 캡처

1969년 6월 12일 북한 무장 간첩선 격침사건을 다룬 KTV 대한늬우스 731호

### 3. 소흑산도 근해 간첩선 사건

1969년 10월 23일 21시 30분, 소흑산도 동북방에서 20여명의 간첩을 태우고 33노트의 고속으로 침투 중이던 간첩선이 초계 중이던 해군 구축함 충무함에 발견됐다. 충무함에 쫓긴 간첩선은 남해안 섬 사이로 숨어 들어가 교묘히 충무함을 피하며 도주하다가 새벽 1시 20분 진도 남방에서 다시 충무함에 발각됐다.

충무함은 공군기의 조명을 요청해 간첩선을 끝까지 잡고 물고 늘어지며 추자도까지 추적했다. 여기서 간첩선은 40여 척의 남한 어선단 속으로 숨어들어 갔다. 그러나 이때는 이미 날이 밝은 6시 20분이라서 출격한 공군기들로부터 공격당해 속도가 8노트 수준으로 떨어졌다. 결국 충무함 사격에 간첩선은 추자도 남방에서 격침했다.

간첩선은 75톤이나 되는 대형 철선으로 당시까지 발견된 간첩선 중 최대 크기였고, 속도 역시 40노트로 항해할 수 있었다. 사건에 대한 당국 발표에서 공군기 기종은 밝혀지지 않았으나 대간첩 작전 전담 기종인 F-5A이었을 것이다.

### 4. 경북 영덕해안 간첩선 격침

1970년 7월 28일, 심야에 길이 18미터 정도 되는 간첩선이 경북 영덕에서 은밀하게 해안 침투를 시도하다가 육군 해안 초소에 발각됐다. 간첩선은 초소에서 사격을 받자 기관포로 응사하며 고속으로 북쪽으로 도주하기 시작했다.

그들이 난사한 기관포탄에 육지의 한 민간인이 맞아 중상을 입었다. 해공군은 긴밀한 협조 아래 즉각 출동해서 간첩선을 추적했다. 공군 F-5A 편대는 긴급 발진으로 심야의 동해로 출격했다. 편대는 28일 새벽 3시 45분경 북한이 지척에 있는 거진 앞 바다에서 북한으로 맹속력으로 달아나는 간첩선을 발견했다.

편대장 이수갑 대위는 간첩선으로부터 맹렬한 대공사격을 받았지만 급강하로 38발의 로켓탄들을 한꺼번에 간첩선에 퍼부었다. 이어서 후속기가 재차 로켓탄 세례를 가하자 간첩선은 하늘높이 검은 연기를 내뿜으며 바로 휴전선 남방 7마일 해상에서 침몰했다. 불과 5분만 더 달리면 바로 북한 영해로 도주할 수 있었던 아슬아슬한 순간이었다.

### 5. 묵호 앞바다 간첩선 격침

1971년 5월 14일 자정을 넘긴 0시 14분, 해군 경비정이 묵호 동쪽 해상으로부터 해안으로 어선을 가장하고 은밀히 접근하는 50톤 규모의 간첩선을 발견하고 공군기와 합동작전을 펼쳐 간첩선을 추적했다.

출동한 F-5A들은 새벽 1시 35분에 간첩선을 발견하고 공격을 개시했다. 그러자 간첩선은 북쪽으로 선수를 돌려 믿을 수없이 빠른 48노트의 속도로 도주하면서 격렬한 대공사격을 해댔다. 간첩선의 대공사격과 회피기동으로 어려움이 있었지만 새벽 3시 2분경 휴전선 남방 5마일 지점에서 출격한 편대는 드디어 간첩선에 정확한 로켓 사격을 성공시켰다.

당시 48노트라는 쾌속은 그때까지 출현한 간첩선 중 최고의 고성능이었다. 간첩선이 격침된 위치는 휴전선 북방 북한 해군함에서도 볼 수 있는 아주 가까운 곳으로서 그 속도라면 3~4분 만에 그대로 휴전선을 넘어 도주 해버릴 만큼 아주 가까운 거리였다.

### 6. 소흑산도 근해 간첩선 격침

1971년 6월 1일 새벽 2시 25분, 해군 함정이 남해 추자도 근해에서 40노트의 고속으로 항해하는 간첩선을 발견했다. 하지만 심야인데다가 안개가 심한 악조건에서 한때 간첩선 행방을 놓쳐 수색에 애를 먹었다.

해군은 출동한 공군 C-46 수송기의 조명탄 투하로 겨우 접촉을 유지하고 추적을 계속했다. 간첩선과의 접촉을 유지하기 위해 공군 수송기는 안개가 끼어 시계가 불량한 바다 상공을 불과 200미터 고도까지 하강해 조명탄을 투하했다. 이런 안개 낀 날은 조명탄을 목표물에 바로 근접해 투하하지 않으면 효과가 없기 때문에 비무장

공군

대간첩작전에서 우리 공군이 투하한 조명탄이 빛을 발하고 있는 모습

인 수송기로서 모험을 한 것이다.

간첩선은 직상공을 비행하는 수송기를 놓치지 않고 수백 발의 대공사격을 했다. 대공화기는 간첩선들이 통상 장비하는 14.5mm 쌍신 기관총인 듯 했다. 이 기관포탄은 다시카라 불리는 12.7mm 보다 위력이 훨씬 뛰어났다. 수송기는 간첩선의 불시 기습에 피탄돼 바다에 추락하면서 승무원 6명(조종사, 부조종사, 정비사, 통신사, 무장병)이 희생됐다.

새벽 4시 40분, 여명이 희미한 가운데 공군 F-5A들이 출동해 소흑산도 서남쪽 약 60마일 해상에서 도주하는 간첩선을 발견하고 로켓 공격을 가해 새벽 6시 15분경 완전 격침시켜 격추된 수송기 승무원들의 복수를 했다.

당시 간첩선이 침투시켰던 간첩 성낙오는 2주 뒤 당국에 자수해 간첩선이 5월 17일 북한 남포항을 출발해 중국 산동 반도 석도만에서 급유를 받았고, 6월 1일 해남에 상륙했음을 조사과정에서 실토했다. 간첩선은 성낙오를 침투시키고 북한으로 귀환 중 40노트의 고속으로 항해다가 한국 해군에 발견됐던 것이다.

## 최희영

**예비역 준장**

(공사 11기, F-5A/B, F-5E/F 조종사, 최초의 북한 간첩선 격침)

- 제1전투비행단 제123전투비행대대장
- 제16전투비행단 작전부장
- 제5전술공수비행단장
- 공군본부 감찰감
- 연세대학교 행정학 석사
- 화랑 무공 훈장(격렬비열도 간첩선 격침 수훈)

  작전 개요: 1967년 4월 17일 04:30 서해안을 경비 중이던 해군 PCD-52함과 PF-63함이 목덕도 서북방 6마일 해상에서 남하하는 정체불명의 선박을 추적하자 북한 무장 간첩선이 사격을 가하며 북으로 도주함에 해군은 공군에 항공지원을 요청, 06:17부터 수원에서 F-5A 16대(8개 편대 순차 출격, 최희영 당시 중위는 5편대로 출격)와 2대의 RF-86 정찰기, 그리고 타기지에서 2대의 F-86F 전투기들을 출동시켜 50톤급 무장 간첩선 1척을 격침시키고 간첩 6명을 생포한 작전.

**Q 장군님께서는 어떤 계기로 전투조종사가 되셨습니까?**

저는 경북 영천 출신인데 소년이던 한국전쟁 당시 공군의 눈부신 활약에 매료되어 전투기 조종사의 꿈을 가지게 되었습니다. 그래서 공군사관학교 11기로 입교하여 소정의 비행훈련을 거쳐 조종사의 길을 걷게 되었습니다. 총 3,000여 시간의 비행시간을 기록하고 있고 이중 F-5만 2,000시간을 탔습니다. F-5A/B를 주기종으로 하여 제작사인 노스롭에서 각각 1,000시간, 2,000시간의 비행 증서를 수여받았습니다.

**Q 1967년 4월 17일, F-5A 조종사로서 최초의 간첩선 격침 전과를 올리셨습니다. 휴전 이후 공군 최초의 항공 전과였고 최초의 간첩선 격침이었던 역사적인 사건임에도 잘 알려지지 않았던 장군님의 귀중한 경험을 기록하여 기억하고자 합니다.**

성격상 지나간 일을 얘기하지 않는 편입니다. 여느 전투조종사들처럼 실전같은 훈련에 임하고 있다가 실제 상황이 제게 떨어졌고 훈련한 대로 전투에 임했을 뿐입니다. 당시 작전에 참가한 F-5 조종사로서 인터뷰를 부탁하니 50년이 넘은 오랜 기억을 더듬어 보겠습니다.

Interview
## F-5 사람들

당시 저는 F-5A 기종으로서는 햇병아리 조종사였습니다(당시 중위). 김포에서 F-86 분대장 임무를 맡고 있다가(F-86F 비행시간 300시간) 1967년 1월 F-5A/B 기종전환 훈련을 받기위해 수원기지로 배치받았습니다. 당시 최신예기였던 F-5A로 기종전환을 하려면 최소 300시간 이상의 비행시간을 요구했습니다.

하루는 평상시처럼 102대대로 출근을 했는데 뭔가 바쁘게 돌아가는 분위기를 느꼈습니다. 비행상황판에는 도착하는 조종사 순서대로 급하게 편조가 구성되었고 즉시 비상대기실로 보내졌습니다. 저도 비상대기실에 보내졌는데 당시 F-5A 작전가능 훈련을 완료한 지 1개월 정도 되었고 F-5A/B 비행 시간은 약 50시간 정도였습니다. 아마도 우선 저를 비상대기실에 보내놓고 고참 조종사들이 도착하는 대로 교체시킬 계획이라고 추측했습니다. F-5A 기종으로 방공비상대기는 여러 차례 경험하였지만 공격용 비상대기 임무는 처음 부여받았습니다. 당시에는 공격용 비상대기 임무는 거의 없던 시절이었습니다. 항공장구를 갖추고 비상대기실에 도착하니 2대의 F-5A에 이미 LAU-3A 로켓 포드가 좌우측 1개씩 장착되어 있었고 각각 19발의 로켓이 장착되어 있었습니다. 비상대기실 전체가 긴장감이 돌고 몹시 분주하게 정비사와 무장사들이 움직이고 있었습니다. 미확인 선박이 나타나 이미 수원기지에서 방공비상대기 4개 편대가 비상출동한 상황이었습니다. 처음 경험하는 로켓 완전무장 제원으로 이륙자료를 작성하고 브리핑을 하는 도중 비상출동(Hot Scramble) 벨이 요란하게 울렸습니다. 호출부호 "Roger Gold, Hot Scramble!" 하면서 비행단 작전부(WOC)로부터 인터폰도 울렸습니다. 실제 상황의 비상 출동이라 긴장감은 있었지만 평소 많은 훈련으로 자신감이 있었습니다.

한편, 앞서 출격한 2편대 F-5A 한 대가 북한 간첩선의 대공기관포에 피탄되었습니다. 뒷 편대에 임무를 인계하고 돌아온 기체에는 유압 장치에서 불과 5밀리 떨어진 스피드 브레이크에 피탄 구멍이 뚫려 있었습니다. 조금만 위로 맞았다면 산소통이 터질 뻔 했지요. 임무 조종사(강인선 당시 대위, 조간 12기)가 스피드 브레이크를 열었던 택시 웨이 지점 부근에서 탄두를 다른 사람이 회수하였습니다.

우리 편대(5편대)는 09:11 이륙하여 09:31에 현장에 도착했는데 기상상태는 15,000피트에 구름이 덮이고 시정은 5마일로 좋은 날씨였습니다. 임무 인계를 받은 앞 편대의 안내에 따라 목표물을 쉽게 확인할 수 있었습니다. 상부로부터 로켓 공격 허가가 떨어져 편대장 안상전 당시 대위(조간 12기)를 따라 목표물의 폭과 고도를 감안하여 로켓 공격 장주를 잡고 무장 스위치와 조준경 각도 조작을 완료하였습니다. 고도 8,000피트에서 강하각 30도로 맞추면서 편대장과 충분한 거리로 떨어져서 공격목표로 진입하였습니다. 편대장이 로켓을 발사하지 않고 그대로 패스(Dry Off)하는 것이 보였습니다. 나는 평소 대지사격 연습 때와 마찬가지로 공격제원이 잘 맞아 침착하게 왼쪽 포드에 장전되어 있던 로켓 19발을 먼저 발사하였고 로켓의 후미 불꽃들이 춤을 추듯이 목표물을 향하여 날아갔습니다. 직진 상승하여 좌측으로 이탈하면서 아래쪽을 확인하니, 목표물은 보이지 않고 로켓 탄착으로 생긴 물기둥이 해면에서부터 공중으로 높게 솟아 오르더군요. 물기둥이 가라앉자 간첩선의 크고 작은 나무 조각들이 온통 바다에 흩어져 있어 명중되었다고 보고하였습니다. 계속해서 편대장과 나는 번갈아 가면서 로켓 사격을 2번씩 38발을 모두 발사한 후, 그 다음부터는 저각도로 20mm 기총 사격을 하였습니다. 화염에 싸인 함정에서 사람들이 바다로 뛰어드는 장면을 똑똑히 보았고 이를 편대장에 보고하였으며, 후속 편대가 올 때까지 기총 사격을 하였습니다. 격파된 목표물 주변에는 많은 나무 판자들이 바다에 둥둥 떠 있었고 처참하게 파괴된 광경이었습니다. 더 이상 공격할 필요가 없을 것 같았습니다. 우리는 다음 편대가 도착할 때까지 현장 상공을 선회하였고 간첩선은 이미 침몰하기 시작하여 선체의 4분의 3정도(선미부분)만 해면 위로 남아 있었습니다. 후속 편대에 인계하고 모기지로 귀환하는데 현장의 사진 촬영을 위해 RF-86 2대가 현장으로 접근하고 있다는 교신내용을 들었습니다. F-5A 기종으로는 신참이지만 어려운 해상 공격과 중대한 작전에 참전하였다는 것에 대한 자긍심이 생겨나더군요.

수원기지로 귀환 도중 현재 연료잔량과 비행장까지 남은 거리, 그리고 연료소모율을 계산해 보니 연료잔량이 부족할 것으로 판단되었습니다.

**북한 간첩선 격침기념 트로피**
1967년 4월 서해해상에 출몰한 무장간첩선을 격침시킨 제10전투비행단의 공훈 트로피

## Interview F-5 사람들

전방 덮개(Cone)가 없는 로켓 포드(LAU-3A)는 공기 저항이 많이 발생해 연료가 많이 소모되고 있었습니다. 특히 요기는 편대장보다 행동반경이 크므로 항상 연료가 많이 소모되기 마련입니다. 그래서 편대장에게 빈 로켓 포드를 투하할 것을 건의했습니다, 요기부터 먼저 투하하라는 편대장의 지시를 받고 필요한 스위치를 조작한 후 투하 버튼을 누르니 빈 포드가 항공기 뒤쪽 아래로 낙엽처럼 떨어져 나가더군요. 항공기 기술도서에 투하절차가 기록되어 있지만 우리 공군로서는 최초의 실제 투하 사례였던 것 같습니다. 편대장에게 잘 투하되었다고 보고했더니 편대장도 투하하였습니다. 연료가 부족했지만 다행히 작전 당일 기상이 매우 양호하여 우리는 레이다 유도 정밀접근이나 정상진입을 하지 않고 서해안에서 활주로 끝으로 바로 진입하여 10:34에 무사히 착륙하였습니다. 귀환 도중 비행장이 왜 그리 멀게 느껴지는지, 연료관계로 너무 초조한 나머지 간첩선을 격침시켰다는 기쁨을 생각할 여유도 없었고, 입안은 침 한 방울 없이 바짝 말라 있었습니다. 주기장에 도착하여 편대장과 함께 나와 계시던 비행대대장(박홍순 당시 중령, 공사 2기)님께 "출격 끝!" 보고를 하고 비행대대로 들어가니 베테랑 선배 조종사들이 두 줄로 서서 환영해 주었습니다.

이후 5월 2일 공군본부에서 참전 조종사 및 작전 관련 요원들에게 무공훈장(최희영 당시 중위에게는 화랑 무공 훈장 수여)과 포장, 표창장이 수여되었으며 수원기지에서 비행단장(이양명 당시 준장)에게 포상 신고식을 하였습니다.

102 비행대대장에게 출격 보고를 하고 대대원들에게 환영을 받는 최희영 당시 중위

西海「超非常」

間諜船目擊에서擊沈까지

숨막히는 새벽…F5A機追擊

中共船다가오자 기관포론不能 로켓洗禮

中央部에 命中沈沒중

최희영 당시 중위의 활약을 보도한 신문 보도

후에 전과 확인을 통해보니 간첩선에 탔던 15명 중 3명이 간첩이었고 그 외 12명은 호송임무를 띤 선원들이었습니다. 9명은 우리의 직격탄을 맞는 순간 절명했고, 표류하던 6명이 해군 함정에 구조되었고, 간첩 3명 중 1명은 인양 직후 함상에서 절명했습니다. 생존자 5명(중상 3명, 경상 2명)은 4월 17일 밤 9시 반 경 해군 PF-63 함에 실려 인천항에 도착하여 서울 해군병원에서 치료를 받았습니다. 해군이 촬영한 5분의 1만 남아있는 선미에 2명의 시신이 누워있는 사진과 공군이 공중 촬영한 사진들이 일간지에 공개되었습니다.

## Q 간첩선 격침 이후의 상황은 어땠는지요?

최초 간첩선 격침작전 이후 8개월 가량 지난 1968년 1월 21일 북한의 124 특수군 부대가 청와대 습격을 기도했다 실패한 사건과 1968년 1월 23일 동해에서 미 해군 푸에블로호 납북 사건 등을 계기로 절실한 전력보호 필요성에 의해 공군의 모든 상황이 급변했습니다. 비행장에는 항공기 엄체호가 건립되기 시작했고 항공기를 분산주기시키고, 조종사는 관사 건립으로 시내생활에서 관사생활로 거주 형태가 변모하게 되었으며 비상대기실에서의 취침 횟수도 증가했습니다. 그 전에는 항공기 엄체호도 없어서 전투기들을 주기장에 정렬해 두고 있었고 조종사들도 시내에 전세나 월세를 얻어 사는 열악한 형편이었습니다.

실전을 통한 교훈도 얻을 수 있었습니다. 공해합동작전의 중요성 인식과 상호 긴밀한 통신체계가 이루어져 작전이 성공할 수 있었습니다. 우리 편대(5편대)가 목적지 상공으로 가는 동안 그리고 귀환할 때도 앞 편대와 뒷 편대의 교신 상태를 수신하면서 상황을 파악할 수 있었고, 특히 해상에서 편대간 목표물의 인수 인계가 아주 중요하였습니다. 평소 실전과 같은 훈련을 받았기에, 참조점이 없는 해상 상황이지만 제원을 잘 유지하여 실수없이 공격을 할 수 있었습니다. 또한 임무 중에 항공기 연료관리와 침착한 상황 판단의 중요성을 실제 상황에서 체험할 수 있었습니다. 그리고 사격 공격 시에 적의 대공포화에 노출되지 않도록 공격 방향을 매번 변경시키는 것이 생존 가능성을 높일 수 있다고 느꼈습니다. 작전 종료 후 참전자(공군 및 해군)들이 한 자리에 모여 좌담회를 가졌다면 면밀하게 종합적인 상황 분석을 하고 보다 발전적인 전술을 도출할 수 있었을 것이라고 생각합니다.

## 한반도의 호랑이

F-5A/B의 대량 도입과 전력화에 이어 공군 현대화 및 전력증강계획에 따라 한국 공군은 F-5A/B 개량형인 F-5E/F '타이거II'를 도입하기로 결정했다. F-5E/F는 F-5A/B 대비 레이다가 탑재되고 추력이 증대된 엔진을 장착해 MiG-21에 대항하기 위해 개발된 기체였다. 한국 공군은 율곡사업(1974년부터 1986년까지 추진된 국방부 전력증강사업. 월남의 패망과 미국의 철수, 그리고 닉슨독트린에 의해 자체적인 자국 방위전력이 필요해진 정부는 방위전력 확보에 심혈을 기울였고, 32조 원이 투입됐다)의 일환으로 1974년 F-5E 126대, F-5F 20대를 도입하기로 결정해 같은 해 8월부터 기체를 인수했다. F-5A/B와는 달리 미국으로부터 공여된 것이 아닌 한국 정부가 대외군사판매(FMS) 방식으로 구매한 기체들이었다. 한국 공군의 전투기 전력의 양적, 질적인 확장이 시작되는 시기였다.

1974년 9월 최초의 F-5A/B 비행대대인 10전비 105대대가 F-5A/B에서 F-5E/F로 기종을 전환했다. 이로써 105대대는 최초의 F-5A/B 및 F-5E/F 도입대대가 됐다. 1974년 2월부터 10월에 걸쳐 F-5E/F 기종전환 요원 도미교육이 병행됐다.

미공군의 C-5 갤럭시 수송기로부터 하역되는 F-5E. 방공임무 비중이 높아지면서 회색의 제공미채 도장으로 도입되었다.

하역되어 한국에 도착한 F-5E 기체들. 프라모델처럼 분리 포장된 모습이 인상적이다. 좌우 일체형 주익 구조를 알 수 있다.

공군

베트남 위장 도색의 초기 도입분 F-5E.
방공임무에 중점을 두면서 F-5E/F 전 기체가 투톤 회색의 제공미채로 도장된다.

F-5E/F 전술훈련을 위해 최초로 도미했던 조종사가 훗날 차례로 공군참모총장이 된 김홍래 소령과 박춘택 소령이었다. 이어 1975년 7월 101대대에 F-5E/F가 배치되고 동년 132대의 F-5E/F가 발주돼 1976년부터 본격적인 도입이 시작됐다. 이후 1977년까지 총 72대, 이후 1980년까지 60대를 추가로 도입했다.

이에 따라 200번대의 전투비행대대도 창설돼 201(76년 3월), 202(76년 8월), 203(77년 6월), 205(77년 9월), 206(78년 2월), 207(79년 5월)대대에 F-5E/F가 배치됐다. 3년 남짓한 기간 중 6개의 F-5E/F 비행대대가 창설되는 한국공군 초유의 단기간, 대량, 고속의 전력 증강이었다.

F-5E/F의 전격도입은 한국 공군의 전력지수를 비교적 단기간에 높여 한국 공군은 양과 질 양면 모두에서 북한 공군에 대한 열세에서 상당 부분 벗어날 수 있었다. 특히 북한 공군의 주력 전투기인 MiG-21에 대한 폭넓은 견제력을 보유한다는 것이 가장 의미심장했다. F-5E/F는 1980년까지 총 146대(F-5E 126대, F-5F 20대)가 도입됐고, 1982년 기준 F-5 계열(F-5A/B/E/F) 항공기 보유대수는 254대에 달해 명실상부한 한국 공군의 주력 전투기로 자리매김했다.

공군

서해 공해 상공에서 소련의 TU-95 항공기를 추적 감시하는 F-5F

## KF-5E/F 제공호

F-5E/F가 활발히 전력화되고 있던 1978년 1월 박정희 대통령은 연두 기자회견 석상에서 "1980년대 중반에는 전자병기와 항공기를 생산할 수 있도록 개발능력을 키우겠다"는 강력한 의지를 밝혔다. 같은 해 8월 26일에 열린 제1차 방위산업진흥확대회의에서 항공기 생산계획을 연내에 앞당겨 착수할 것을 지시했다. 이듬해인 1979년 7월 1일 대상기종을 노스롭 F-5E/F로 결정한 정부는 1980년 10월에 미국과 'F-5E/F 항공기 공동생산에 관한 양해각서(MOU)'를 체결하고 주관 사업자로 대한항공을 선정했다.

대한항공

대한한공 김해공장 출고식에서 삼색 도장을 한 제공 1호기

면허생산 형태로 진행된 국산전투기 제작사업은 대한항공이 기체생산 및 조립을 담당하고, 삼성정밀(현 한화에어로스페이스)에서 엔진 생산을 각각 담당해 총 7년의 사업기간(1980~1986년) 동안 21%의 국산화율을 달성하는 성과를 거뒀다. 1982년 9월 9일, 국산전투기가 본격적으로 생산된 지 10여 개월 만에 '제공 1호기' KF-5F 출고행사가 대한항공 김해공장에서 열렸다. 이로써 우리나라는 아시아에서 일본과 대만에 이어 3번째 전투기 생산국으로 이름을 올렸으며, 이날 전두환 대통령은 하늘을 제패하라는 뜻으로 '제공호'라고 명명했다.

自主國防의 새章…「國産戰鬪機시대」 열렸다

念願의 「제공호」 힘찬飛翔

이젠 하늘도 우리飛行機가…

마하1·6…莫强空軍 主力機로

제공호의 비상을 보도한 신문 기사 – "자주국방의 새장, 국산전투기 시대 열렸다"

당시 청와대 경제 제2수석비서관의 회고록 〈한국형 경제건설〉 제5권에 따르면 F-5E/F 기종의 국내생산은 정부의 본래 청사진과는 사뭇 다른 것이었다. F-5E/F 국내 면허생산이 시대착오적인 정책결정이었다는 전 경제2수석비서관의 의견을 아래와 같이 소개한다(이하 단락은 한국형 경제건설 내용 요약 및 인용).

F-5 전력화가 진행되던 1970년대에 걸쳐 정부에서는 청와대 경제 제2수석비서관실을 중심으로 항공공업진흥법을 재정, 추진하고 있었다. 항공공업진흥법의 정책적 목표는 전투기급 군용기를 국내에서 단계적으로 생산해 국가항공산업의 기술적 발전과 공군력 증강을 동시에 이룩하는 것이었다.

1978년 11월 14일, 국회에서 통과되고 12월 5일 법률로 공표된 이 진흥법의 궁극적 목표는 국내 독자적인 항공기 개발능력의 확보였다. 항공기 생산방침의 1단계는 A-7 공격기의 생산이었고, 다음 단계는 1980년대 중반까지 당시 최신예 전투기였던 F-16A 블록 10/15의 국내생산을 개시한다는 야심찬 목표가 수립돼 있었다. 이미 일본은 F-4EJ 전투기 면허생산에 이어 F-15J 전투기를 면허생산 중이었고 대만도 국내 전투기 면허생산을 추진 중이었다. 정부의 국내 항공산업진흥 청사진은 전천후 F-4를 주력 전투기로 하고 1980년대부터는 F-16을 국내 면허생산해 차세대 전투기로 전력화한다는 한국 공군의 야심찬 전력강화 복안과도 일맥상통하고 있었다.

한편 박정희 대통령은 전천후 원거리 정밀기습타격에 탁월한 성능을 자랑하는 미 해군의 A-7 공격기 도입을 고려하고 있었다. 북한의 청와대 기습 기도 이후 강력한 대북 보복/견제 능력을 획득하는 것이 목표였다. A-7 제작사인 LTV는 생산종료될 예정이었던 A-7 생산라인과

공군

서해 상공을 초계 비행 중인 제공호 편대. 가장 안쪽의 기체는 특이하게도 샤크 노즈가 아닌 일반형 검정색 레이돔을 장착하고 있다.

공군

늦가을 단풍으로 물든 조국의 백두대간을 굽어보며 비행하는 제공호 편대

생산시설물을 한국에 판매하고 관련 기술을 이전하고 로열티만 받겠다는 파격적인 제안을 해오고 있었다.

미 정부로서도 A-7의 한국 내 생산에 이의가 없다는 의견이었다. 생산시설, 공구를 헐값에 얻을 수 있으니 경제적이면서도 시간상 가장 빠른 방법이자 우리나라로서는 항공기 생산에 대한 기술과 경험을 얻는 첫 걸음이 될 수 있었다. 초기 30대 정도 생산하고 소요발생 시 추가 생산한다는 계획이었다.

F-16 제작사인 GD사 또한 F-16의 한국 내 면허생산에 전폭적인 지원을 하겠다는 입장이었다. 정부의 복안은 F-16 부품도입 생산과 단계적인 국산화를 추진하고 F-4, F-5 등을 대체할 소요까지 더해 연간 30대씩 300대에 가까운 F-16을 국내생산한다는 야심찬 목표였다. 이것이 실현된다면 1980년대 중반 한국은 아시아 최초로 당시 최신예기인 F-16을 면허생산하는 기록과 함께 공군력 또한 질과 양에서 극적인 성장을 도모할 수 있는 절호의 기회였다.

그러나 국내외 환경변화로 항공공업진흥법의 야심찬 계획은 다른 방향으로 흘러가기 시작했다. 대내적으로는 10.26 사태로 박정희 대통령이 서거하고 12.12 사태 이후 신군부가 전면에 등장하면서 경제 제2수석비서관실과 율곡사업 추진을 위한 청와대 5인 위원회도 폐지돼 버렸다. 대외적으로는 당시 미국 카터행정부의 주한미군 철수등의 움직임으로 한미관계가 악화되고 미군의

10전비 201대대의 KF-5E. AIM-9P3 더미탄과 275갤런 탱크를 장착하고 있다.

최신예 전투기의 해외 판매가 제한되는 정책이 강화되면서 A-7과 F-16 도입은 미 정부의 반대에 부딪친 상태였다. 결국 A-7 국내생산 청사진은 전면백지화되고 F-16 국내생산 계획은 F-5E/F로 급선회하기에 이르렀다.

제공호는 총 68대가 생산됐다. 그 중 초기 30대 물량은 부품 직도입을 통한 단순조립작업(semi-knock-down) 방식으로 국산부품이 사용되지 않았다. 1983년 8월에 가서 일부 국산부품이 생산됐는데 국산화율은 약 21% 정도에 그쳤다(러더, 수평미익, 뒷전플랩, 랜딩기어 도어, 동체 상부 패널, 전방동체 관련 도어 등을 국산화).

나머지 38대의 물량을 생산하기 위해 투자된 비용은 장비비 60억 원, 치공구 비용 150억 원, 자료 및 기술지원료, 교육비가 2,800만 달러였다. 이로 인한 전체 비용은 항공기 직도입보다 30% 정도 고가로 공급됐다. 또한 당시에도 이미 구형이 돼버린 F-5 기종이었기에 F-4와 F-5 후계기로서 F-16같은 차세대 전투기가 도입되기 시작하는 세계적인 추세에서 38대 생산 이후에는 국내외 어느 곳으로부터 발주를 받지 못하는 상황에 직면했다. 이미 상당한 수의 F-5를 도입한 한국 공군으로서도 추가도입 수요는 없었다. 이로써 막대한 투자를 통해 마련된 장비치공구 및 기술 등은 추가 일감이 없이 사장되고 말았다.

제공호 생산이 종료된 후 시설유지에 필요한 후속사업이 이어지지 못하는 상황이 이어졌다.

10전비 101대대의 KF-5F. ACMI 포드와 275 갤런 탱크를 장비하고 있다.

공군으로서도 F-4, F-5로는 상쇄하기 어려운 북한 공군과의 전력 격차 극복을 위해 F-16급 차세대 전투기를 추가로 구매해야 하는 필요를 낳게 됐다(이후 1986년 피스브릿지 사업을 통해 F-16C/D 블록32 도입). 만약 기존 국가정책이 지속됐다면 최신예 F-16 300여 대를 국내생산할 수 있었던 획기적 전력증강 기회를 놓쳤으며, 결과적으로는 납세자인 국민에게 부담이 지워진 셈이다.

제공호를 면허생산하던 같은 시기에 주변국들은 이미 차세대 기종의 국내개발로 멀찌감치 앞서나가고 있었다. 일본은 이미 F-4EJ 및 F-15J 면허생산을 통해 축적된 자국 기술을 토대로 차세대 전투기 FSX 개발을 준비 중이었고, 대만은 F-5E/F 면허생산에 이어 자국산 차세대 전투기 IDF(Indigenous Defense Fighter) '경국' 개발을 추진 중이었다. 반면 한국은 차세대 전투기 기종선정 결과 변경 등 우여곡절 끝에 기존 정책 대비 10여 년 후에야 F-16을 면허생산해 공군에 배치하게 됐다.

공군

AIM-9P3 더미탄, SUU-20 디스펜서, 150갤런 탱크 두개를 장착하고 Formation take-off 중인 101대대 소속 KF-5E

최초의 제공호는 1982년 9월 16일 수원 10전비 예하 201대대에 배치됐다. 제공호는 총 68대가 생산돼 10전비 예하 101, 207대대에도 배치돼 수도권 영공방위의 최일선에 서게 됐다. 제공호가 대체한 수원기지의 F-5E/F 기체들은 103대대 및 111대대로 돌려져 각각 83년 10월, 85년 3월 F-5E/F 대대로 재창설된다. 제공호는 미국 직도입기(일명 '일반')들과는 외형과 성능 면에서 몇 가지 차이점을 가졌다. 화력통제레이다 탐지거리가 2배가량 늘어난(약 65km) APG-159 레이다로 교체됐고, 상어 주둥이 모양의 이른바 '샤크 노즈(Shark Nose)' 레이돔이 채택되고 LEX의 면적도 증가하여 높은 받음각 시 측면 안정성이 향상됐다. 또한 비행데이터에 따라 주익형상을 자동으로 최적화하는 오토플랩 시스템도 도입돼 기동성이 향상됐다.

KF-5F의 샤크 노즈. '오리 주둥이'라는 별칭을 가지고 있다. 마주보고 섰을 때 좌측의 기총구는 항전장비 공랭용 공기흡입구 (일명 '물총').

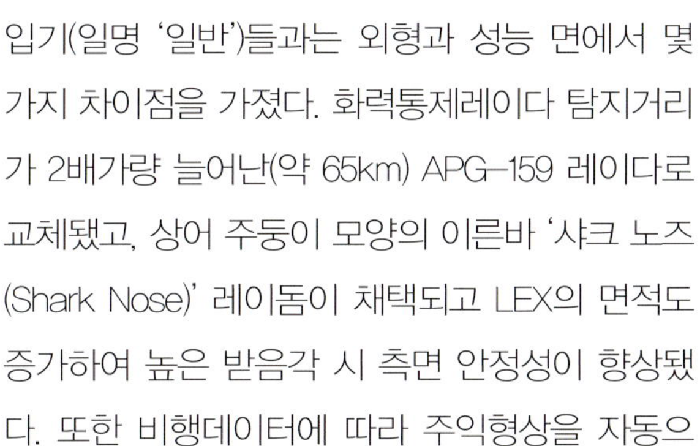

세부적으로는 전방동체 내부 전자장비의 재배치로 받음각(AOA) 베인 위치가 기체 우측에서 좌측으로 이동했고, 캐노피 후방프레임 좌측에 여압용 벤트가 추가됐다. 또한 F-5A/B처럼 수직미익 상단에 T자 모양의 ILS 안테나가 설치되었다.

101대대의 F-5E(우측)와 KF-5E. 레이돔의 형태와 도색, 제공 마크 등 두 기체의 외형상 차이점을 알 수 있다(ROKAF F-5E/F in Action 참조).

# Interview F-5 사람들

**이송호**
**예비역 대령**
(공사 19기, F-5E/F 조종사, 전 105전투비행대대장, 저자의 부친)

## Q 간단한 자기 소개를 부탁드립니다.

F-5E/F를 주기종으로 총 비행시간 3,700 시간 중 F-86F 1,000시간, T-33 교관 1,400시간, F-5E/F 1,300시간을 기록하고 있습니다. T-33 교관 이후 바로 F-5E/F로 전환하여 F-5A/B는 경험할 기회가 없었습니다. F-5E/F는 예천 기지의 202대대와 206대대에서 편대장과 비행대장을 지내며 비행시간을 많이 쌓았습니다. 이후 국방대학원, 공군본부 근무를 거쳐 강릉 기지의 105대대에서 대대장을 지냈지요. 어린 시절 빨간마후라 영화와 F-5A 도입에 대한 신문기사를 통해 조종사란 직업에 매력을 느껴서 공군사관학교에 진학하게 되었습니다.

## Q 주기종으로서 F-5E/F에 대한 평가와 운용에 대해 말씀 부탁드립니다.

초음속 항공기로서의 속도 · 가속 · 상승력의 우위를 제외하고는 선회성능 면에서 F-5E는 F-86F와 유사하다고 생각됩니다. F-5A는 선회성능에서 F-86F 대비 열위에 있는 것으로 알고 있습니다. F-5E는 조종이 쉽고 경쾌한 기동성이 탁월한 항공기입니다. F-5E/F에는 AN/APQ-153 레이다가 탑재되어 있지만 그 성능이 제한적입니다. 유효 탐지거리가 최대 20마일 안팎이기 때문에 6~7마일 정도 거리에서 눈으로 색적하는 것과 크게 다르지 않아서 농담조로 '아이다' 라고도 합니다(웃음). 따라서 레이더는 참조만 하는 격이고 다른 고성능 전투기처럼 레이다 락온 후 무장 발사를 하는 것은 실제로 거의 일어나지 않습니다. 레이다는 기총 사격시 g보상을 해주는 기능을 가지고 있습니다.

F-5E/F는 무장이 약한 것이 약점이라고 생각합니다. 공대공 무장은 사이드 와인더 2발과 기총 2문에 제한되고 공대지 무장능력은 더욱 약해서 Mk 82 500파운드 폭탄 두 발만 달아도 기동성이 현저히 떨어집니다. 한번은 기지에 전개한 미해병대의 A-4를 본 적이 있는데 MER (Multiple Ejector Rack)로 폭탄들을 바나나 송이처럼 주렁주렁 장착한 모습에 깜짝 놀란 적이 있습니다. F-5보다도 작은 기체에 그렇게 많은 폭장을 한 모습에 살짝 자존심도 상했고 어떻게 뜨는 지도 참 불가사의했지요(웃음). 일반 폭탄 말고는 공대지 무장으로 LAU-3A 런쳐에 2.75인치 로켓탄을 장비, 주로 간첩선 격파에 대비한 훈련을 주야간으로 했지만 1970년대 중후반 F-5E/F 배치 이후로는 간첩선 침투가 거의 없어져 실전에 투입된 적은 없습니다. 60~70년대 간첩선 침투가 많아 당시의 주력 전투기였던 F-5A는 대 간첩선 작전 투입이 많았던 것과는 대비되지요. 70~80년대 F-5E/F의 임무 비중은 공대공 70%, 공대지 30%정도 였습니다. 대적 상대로 주로 거론되는 MiG-21 대비 거의 유사한 성능이지만 마하 2급의 MiG-21에게 고속/고고도 성능에서는 열세로 판단되었습니다. 그래서 EM 차트를 참고로 일정 고도 이하로 MiG기를 유인해서 교전한다는 전술도 있었습니다. 실제 g 한계가 낮아 Rolling pull-out 한계가 5.5g 정도이고 근접 공중전 시 그 이상 가면 부담이 큽니다.

설경 속의 강릉기지 F-5E

# Interview F-5 사람들

"뭉치자 쌍도끼!" 예천기지 202대대 시절

개인적으로 F-5E/F의 디자인을 매우 좋아합니다. 공중 기동시 바라보면 날카로우면서도 유려한 곡선의 실루엣이 근사하다고 생각한 적이 많습니다.

**Q 88올림픽 기간 동안 강릉 기지에서 F-5E/F를 운용하는 105대대장을 지내셨습니다. 개인적으로 당시 관사 어린이 시절, 말 그대로 비행과 나라에 매인 아버지와 대대원들의 살신성인하는 모습이 크게 인상에 남았습니다. 그 때 얘기 좀 해 주시죠.**

제가 105대대장을 지냈던 1987~88년도는 올림픽 대비 및 개최로 이를 방해하려는 북한의 잠재적 도발을 분쇄하기 위한 국가비상상황에 가까웠습니다. 이를 사전에 차단하려는 사전대비의 선봉에 공군이 있었고 공군의 최전선에는 수원, 강릉, 원주 등에 배치된 F-5E/F가 있었습니다. 올림픽 개최 전부터 진행 기간 동안 24시간 CAP(Combat Air Patrol: 공중전투초계) 임무를 수행했습니다. 그야말로 불철주야 24시간 즉응 전력 전투기들이 공중에 떠 있었습니다. 당시 한주석 작전사령관께서 수시로 대대장들에게 전화를

걸어 대비태세를 확인하곤 했습니다. 졸린다거나 피곤에 절은 목소리가 나오면 안 되니까 엄청 긴장된 생활이었어요. 강릉 기지에서는 105대대와 112대대가 일주일에 한번씩 야간비행을 번갈아 담당했습니다. 새벽 2~4시에 긴장된 야간비행이 끝나면 조종사들이 비행장 인근 강릉 시내에 잠시 해장국을 먹으러 나갔다가 퇴근없이 다시 출근해서 비행대대에 마련된 수면실에서 잠시 눈을 붙이고 임무를 수행한 기억이 새롭습니다.

관사 부인들이 야간비행용 도시락을 싸서 저녁 시간에 콤비 차량으로 날랐고 관사에까지 비상벨이 설치되어 비상출격 시 새벽에 가족들을 다 깨우기도 했습니다. F-5E/F는 야간비행에 적합한 전천후 기종이 아닌데 수많은 야간비행 임무를 소화하려니 부담이 컸고 안전을 위해 가능한 복좌기인 F-5F를 야간비행에 투입하려고 했습니다. 모든 조종사들이 묵묵히 상황과 임무를 소화했지만 속으로는 "이렇게까지 24시간 대기할 필요가 있나" 하며 서로 하소연을 한 적도 있습니다(웃음).

당시 가장 전형적인 즉응 전력 임무는 통상적인 공대공 임무 외장(150 갤런 센터 탱크+AIM-9 미사일 2발, 기총 만재)으로 1시간 10분 정도 수도권과 서해안 일대 방위를 전투초계 비행하는 것이었습니다. 연료 절약을 위해 크루즈 비행으로 15분에 걸쳐 공역에 도착해서 40분 정도 공중 대기를 하고 다시 15분 정도에 걸쳐 강릉으로 귀환하는 패턴이었습니다. 뒤돌아보면 무리가 많은 임무였지만 중차대한 국가적 행사였던 88올림픽을 성공적으로 치르는 데 기여했다고 생각하면 F-5 조종사로서 큰 보람이자 긍지의 기억으로 남아 있습니다.

**Q 대한민국 공군에 있어 F-5 기종의 의의는 무엇이라고 생각하시는지요?**

지난 40여년 동안 경제와 안보 양면에서 어려웠던 우리나라 사정에 적절했던 항공기라고 생각합니다. 가격 대비 성능이 우수했고 긴급발진 성능도 탁월해서 우리 공군 작전에 특히 적합했지요. 당대 고성능 기체인 F-4보다 4분의 1의 비용으로 어지간한 임무를 다 소화해 주었고 덕분에 숱한 북한의 도발에도 잘 버텨올 수 있었다고 봅니다. 단좌기 중심의 항공기라 그 경제성이 더욱 우수했던 면도 있었습니다. 이제 제가 대대장을 지냈던 105대대를 포함, 최후의 F-5E/F 대대 5개가 남아 아직도 임무를 수행하고 있는 것으로 압니다. 퇴역 전까지 임무를 무사히 수행하고 적시에 신예기로 대체되기를 기원합니다.

# Interview F-5 사람들

## 김도호

**군인공제회 이사장(예비역 소장)**

(공사 28기, F-5A/B, F-5E/F, RF-5A 비행대대장)

- 군인공제회 이사장
- (재) 스타항공 대표
- (전) 서울대학교 국제대학원 초빙교수
  (전) 교통대학교 초빙교수
- 공군본부 인사참모부장
- 공군 제16전투비행단장
- 공군사관학교 생도대장
- 공군본부 전력소요처장

**Q 간단한 자기 소개를 부탁드립니다.**

비행시간 3,400시간의 전투조종사입니다. 이중 F-5 계열을 약 1,700시간, 비행교관으로 T-33을 1,700시간 비행했고 이를 민항 비행시간으로 환산하면 거의 4,000(3,947)시간에 해당합니다. 초등학교 5학년 때인 1966년 박정희 대통령의 헬기가 고향 합천에 착륙했던 모습을 보고 조종사가 되기로 결심했었어요. 사실 나는 기계치인데도 조종사가 되고 싶어서 발버둥쳐서 윙을 달았고 죽지 않으려고 사력을 다해 비행에 임했습니다.

**Q F-5A/B, F-5E/F, RF-5A까지 다양한 F-5 계열을 조종하셨습니다. F-5A와 F-5E를 비교해 주시겠어요?**

F-5는 기본적으로 미국이 (경상도말로) "넘 줄라꼬(남 주려고)" 만든 항공기에요. 그래서 비교적 그 구조가 매우 간단하고 무장 능력과 작전 반경이 제한적인 경량전투기입니다. F-5A에는 아예 레이다 FCR도 탑재되어 있지 않습니다. 반면 그래서 긴급 발진 특성이 좋습니다. F-4나 F-16에 비해 항공기 웜업 시간이 훨씬 짧아 유효한 즉

응전력이었습니다. 또한 T-33, F-86F 등 아음속 항공기에만 익숙했던 우리 공군에 최초로 초음속 시대를 연 전투기이기도 합니다.

1974년부터 F-5E/F가 도입되고 1982년부터는 국내 면허생산형인 KF-5E/F '제공호'가 도입되었지요. F-5A/B에서 F-5E/F로 전환을 하니 항공기의 성능이 많이 향상됨을 느꼈습니다. 특히 순수 방공임무에 중점을 두었다는 생각이 들었습니다. 기본적으로 엔진 추력이 23% 정도 향상되었기 때문에 이륙 성능과 선회율 등 기동성이 개선되었어요. 여기에 Maneuver Flap 이라고 하는 공중전용 플랩이 채택되어 공중전 시 선회 성능이 더욱 우수해졌습니다. 또한 제한 전천후 레이다가 탑재되어 F-5A 대비 상황인식 능력과 무장 운용성에서 나아졌지요. 처음에 레이다 개념과 운용 체계를 이해하는데 힘이 좀 들었습니다(웃음).

그 외에 이륙 중 노즈기어가 3도 올라가는 Nose Hike 기능이 추가되어 이륙거리가 크게 향상 되었습니다. 그리고 F-5 계열 공통으로 크기가 작아 공중에서 잘 보이지 않습니다. 그래서 별명이 '이쑤시개'죠. 큰 덩치와 매연이 많이 나는 엔진을 장착한 F-4는 20마일 밖에서 육안 색적이 가능한데 F-5는 7~8마일에서만 봐도 색적 능력이 대단한다고 하지요.

대체적으로 F-5는 저속 성능이 좋지 못합니다. 저속 상황에서 스톨에 빠지려는 경우가 비교적 많이 발생하는데 이때는 재빨리 애프터버너를 넣고 증속해야 합니다. 특히 저고도/저속 상황에서 스톨에 빠지는 경우도 많이 발생하는데 과감히 기수를 누르고 증속하는 조치를 취하는 대처가 필요합니다. 당황해서 반대로 기수를 들게 되어 스톨에 빠지는 사고가 종종 발생하곤 했습니다. 비행 중 엔진 플레임-아웃(Flame-out)도 비교적 많이 발생했었지요. 또한 착륙 속도가 느려야 좋은 항공기라고 하는데 F-5 계열은 경쾌한 기동성에 비해 착륙속도가 빠른 편입니다.

## Q RF-5A 대대장을 지내신 경험은 어떠셨나요?

저는 비행대대장을 두 번 지냈는데 RF-5A를 운용하는 제132전술정찰대대장과 최초의 금강백두 비행대대장이었습니다. RF-5A 대대를 지휘하는 것은 일반 전투비행대대와는 다른 특별한 경험이었습니다. 기본 단좌 RF-5A와 중앙 연료탱크에 정찰장비를 탑재한 복좌 F-5B 정찰형을 운용했지요. 고속 초저공 비행을 하며 핀포인트 사진 촬영을 해야하는 고난도의 임무를 수행해야 하는 특수함으로 최정예 조종사들이 모인 곳이었어요. "두려움 없이, 단독으로"라는 대대 구호처럼 용기와 기량이 필요한 것이 전술정찰 임무입

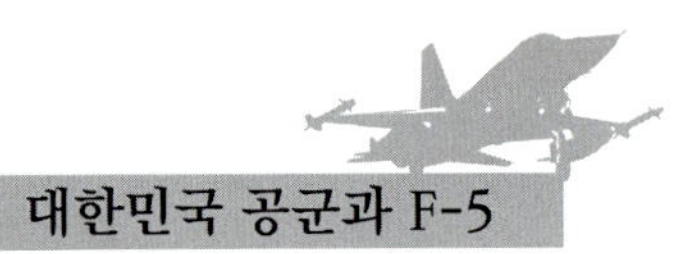

# Interview F-5 사람들

니다. 조종사들이 주요 지역의 지리는 물론 전봇대 위치까지 파악하고 있었습니다. 후방석에 탑승해 보면 미류나무 사이로 날아 본능적으로 조종간을 당기게 되는데 전방석에서는 "괜찮아"라고 합니다. 고난도의 임무를 수행하면서도 1978년 운중 비행 중 산악 충돌 사고를 제외하고는 단 한번의 사고없이 무사고를 기록했습니다. 대대장 재임 시 21년 동안 4만 4천시간 무사고 기록이 수립되어 참모총장상을 수상했습니다. 당시 21년 무사고는 민항기를 포함한 우리 항공사상 최장기였고 조종사 1명을 1일 기장으로 임명, 항공기를 관리하는 '명예기장제도'를 운영한 것이 사고 예방에 도움이 되었습니다.

대대장으로 아쉬웠던 것은 이렇게 우수한 조종사들이 어려운 임무를 수행하면서도 공군 내에서 다음 보직을 찾기가 어려워 대부분 전역의 길을 가야했다는 것입니다. '약자를 보호하고 유능 인재에는 기회를 주어야 한다'는 생각을 실천하지 못해 많이 아쉬웠습니다.

RF-5A는 F-5A의 무장을 그대로 유지하면서 기수에 정찰 장비만을 탑재한 기종이기 때문에 엄격하게는 순수한 전술정찰기는 아니라고 봅니다. RF-5A 조종사들은 전술정찰 조종사들인데도 전투조종사들처럼 기총사격 자격(Qualification)을 유지해야 하고 유사시엔 공중전을 생각합니다. 따라서 전술정찰에 집중할 수 있는 분위기 조성이 어려웠습니다. 반면 완전 비무장 상태로 고성능 정찰장비로 정찰 임무에만 100% 집중하는 RF-4C가 진정한 전술정찰기라고 생각합니다.

제132전술정찰대대 RF-5A

**Q** **F-5E/F 를 운용하면서 있었던 에피소드나 기억에 남는 추억이 있다면 나눠 주시기 바랍니다.**

언론에도 보도된 이른바 '맹물 전투기 추락사고'가 기억에 남습니다. 1999년 예천 기지의 유류탱크가 오염되어 탱크 내에 물이 침범하였고, 이 물이 F-5F 전투기에 주입되어 이륙 직후 추락한 전혀 뜻밖의 사고였습니다. 물이 들어간 엔진이 멈추자 조종사들은 비상탈출했는데 당시 F-5 사출좌석 성능 상 고도가 너무 낮아 조종사 한 명이 사망하고 다른 한 명이 크게 부상하였지요. 이 또한 지난 아군기 오발 격추 사건처럼 어이없고 안타까운 사고가 아닐수 없었습니다. 아무도 예상하지 못했던 사고였지요. "Expect the unexpected(예상할 수 없는 것을 예상하라)" 는 교훈을 준 사고라고 생각합니다.

**Q** **대한민국 공군 역사에 있어서 F-5 계열의 의의는 무엇일까요? 그리고 미래 'Post F-5 시대' (KF-X로 대체 예정)에 대한 소견을 부탁드립니다.**

지금은 우리 공군력이 북한을 훨씬 상회하지만, F-5는 우리 공군력이 북한에 열세이던 시절 우리 공군의 허리가 되어 준 기종입니다. 제한된 성능이었지만 방공 요격, 간첩선 격침 등 주어진 임무에 대해 불리하고 위험한 상황에서도 제 몫을 다했습니다. F-5A는 MiG-19, F-5E는

80년대 예천기지 202대대 시절(당시 소령) 비상 대기 중.
사진처럼 당시 비상대기 중에는 38구경 권총과 실탄으로 무장했다.

MiG-21 대비 성능이 다소 열세라고 판단되었지만 우리 공군 조종사들은 불철주야 훈련과 높은 기량으로 이를 극복해냈습니다. 또한 단좌 단발기인 F-86F에 익숙해 있던 우리 공군에 쌍발기의 안전성을 처음 맛보게 해 준 항공기였습니다. 한국형 전투기 KF-X 요구도에도 우리 공군이 쌍발 엔진을 넣은 것은 F-86의 단발 엔진에 대한 트라우마가 작용하지 않았나 생각합니다.

F-5가 우리 영공수호의 역사적 사명을 다하고 사라지더라도 우리 공군에는 계속되어야 하는 다른 역사적 사명이 남습니다. 바로 동북아 주변국의 공군력에 대응할 수 있는 강력한 공군력을 건설하는 일입니다. 이를 위해서는 하이(Hi) 급 고성능 전투기 수를 현재보다 최소 2배 확대해야 한다고 봅니다. 미래 위협을 현실적으로 반영한 전력증강이 이루어진다면 실질적인 전작권 전환도 앞당길 수 있다고 생각합니다.

KF-5E/F 제공호 국내생산 등 F-5 계열의 한국시장 개척 성공에 고무된 노스롭은 F-5 계열의 최종 성능계량형인 F-5G(F-20 타이거샤크)의 한국 판매에 전력했다. 노스롭의 자체 프로그램이었던 F-20은 F-5 계열의 개발초기부터 지적됐던 부족한 엔진 추력을 강력한 신예 F-404 터보팬 엔진으로 대폭 향상시키고 최신 항공전자장비와 AIM-7 중거리 공대공무장 운용능력을 부여해 당시 초기 블록 F-16 에 비해서도 손색이 없는 성능을 자랑했다. 여기에 F-5의 신속발진 능력과 효율성에 가격경쟁력 또한 갖춘 팔방미인 기체였다. 그러나 1984년 10월 10일, 공군 10전비(이른바 '10-10-10' 사건)에서 전두환 대통령의 목전에서 시범비행을 선보이던 F-20이 추락, 전소되면서 F-5 한국 신화는 멈추게 됐다(185페이지 참조).

한국 시장 마케팅을 위해 한국 공군 마크를 도장한 F-20.

## 수호랑-대한민국 수호 호랑이

한국 공군에 대량 배치된 F-5는 빠른 속도로 한국 공군의 주력 전투기로서 자리매김했다. 특히 최전방 기지에 전격 배치된 F-5E/F는 수도권 방위의 최일선에 투입됐다. 또한 거의 전국에 걸친 전투비행단에 배치됨으로써 '타이거 Ⅱ'라는 이름에 걸맞게 한반도를 호령했던 한국 호랑이처럼 우리 영토를 지키는 수호랑(수호 호랑이) 역

이륙 직전의 강릉기지 105대대 소속 F-5E와 F-5F. 서로 상당히 다른 두 기체의 전방 형상을 잘 보여준다.

착륙등을 켜고 활주중인 F-5E. 아래로 숙여진 앞전 플랩과 익단 실속 방지를 위한 주익 설계로 아래로 숙여진 AIM-9을 볼수 있다.

신속한 긴급발진 특성을 가진 F-5는 수도권을 위시한 수원-원주-강릉 기지의 삼각주를 형성하며 대량 배치돼 영공방위 최전선의 파수꾼이었다. 또한 한반도에 서식해 온 호랑이처럼 거의 전국에 걸친 전투비행단에서 운용돼 한반도 영공수호 호랑이로 자리매김해 왔다.

이글루를 빠져나오는 수원기지 101대대의 KF-5E

할을 수행했다. 또한 전천후 고성능의 F-4 계열과 함께 하이-로-믹스(Hi-Low-Mix) 구도를 형성해 공중전력 운용의 효율성을 꾀했다.

F-5E/F의 특장점은 뛰어난 경제성과 운용효율성, 긴급발진 능력, 우수한 기동성이었다. 이는 '제한적 예산과 짧은 전장 종심, 우수한 기동성을 가진 적 주력 전투기(MiG-19/21) 대적'이라는 특수한 환경에 처한 한국 공군에 최적의 특성이었다. 경량 소형 전투기인 F-5E/F의 획득 및 운용비용은 동시대 서방 주력 전투기들보다 훨씬 낮

Finger Four 대형으로 동해 해수면을 가로지르는 105대대의 F-5E 편대. 가장 안쪽 기체의 기체 번호 '888'이 인상적이다.

Hot Scramble! 긴급발진하는 F-5E와 요원들

은 수준인 반면, 적 주력 전투기에 맞서기에 무리가 없었다. 이른바 '가성비'가 동시대 어느 항공기보다 우수했다. 또한 기체 제작 기간도 짧아서 신속한 전력화에 유리했다. 덕분에 한국 공군의 전력지수는 불과 5-6년이라는 짧은 기간에 급속한 성장이 가능했다.

또한 동시대 동급 어느 항공기보다 긴급출력 시간이 짧았다. 이는 별도의 관성항법장비(INS)가 없고 탑재된 전자장비는 80kw급 출력의 레이다 정도로 단순하다 보니 이륙준비 절차가 간단하기 때문이었다. 실제로 비상대기 시 스크램블이 걸리고 이륙하는 데 최대 3~4분이면 충분했다(상사-병장 조합으로는 2분대도 가능하다는 설도 있다). 통상 8분이 기준시간인 F-4 팬텀에 대비, 무려 4-5분이나 빠른 긴급출격 시간을 자랑했는데, 이는 종심이 짧은 한반도 전장환경에서 필수불가결한 요소였다. 남하하는 북한 전투기들은 용수철처럼 튀어 오르는 호랑이 무리들을 가장 먼저 맞닥뜨려야 했다.

## EM 다이어그램 (5,000ft)

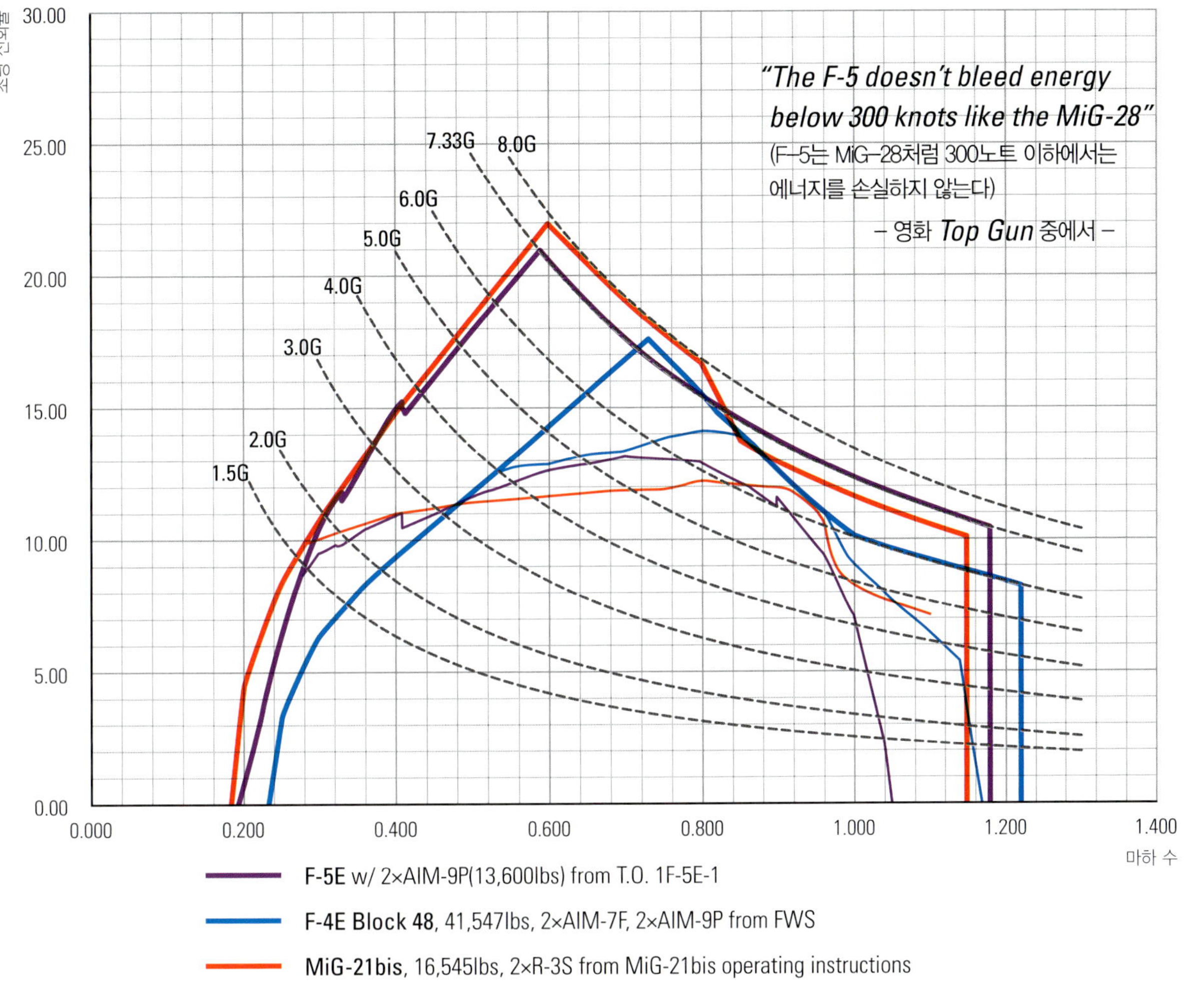


이들 호랑이 무리들의 민첩함과 발톱은 만만치 않았다. 특히 북한 공군의 주력 전투기로서 주요 공중위협이었던 MiG-21 대비, F-5E는 전반적인 성능 면에서 대등하거나 특정 비행영역에서는 근소한 우위를 유지했다. F-5E는 MiG-21뿐만 아니라 동세대 서방 전투기에 비해서도 근접전에서 불리하지 않았다. 저공, 천음속 영역에서의 지속선회율에서 F-5E는 F-4E에 우위를 차지했다.

- 비행성능 전반: 15,000ft 이하 저공에서 F-5E는 MiG-21 대비 근소한 우위. 마하 1.2 속도 영역까지 양 기종 거의 대등한 성능.
- 가속력: 밀리터리 파워에서 전반적으로 양기종 동등하며 애프터버너에서 MiG-21 근소한 우위 점유. F-5E는 15,000ft 이하 저공에서 밀리터리 파워와 애프터버너 파워에서 MiG-21 Q limit 까지 우위를 유지. MiG-21은 F-5E의 실제 최대 속도인 마하 1.2까지 수평 가속능력에서 우위. 마하 1.2 이상 고속에서 MiG-21은 뚜렷한 우위.
- Zoom: 10,000ft, 마하 0.9, 30도 피치 상황에서 최대 애프터버너 추력 가속 시, MiG-21이 근소한 차이로 우위
- 선회 성능: 마하 0.9~1.2 속도 영역에서 거의 대등. MiG-21이 마하 0.9 미만 속도에서 F-5E 대비 순간 선회율 잉여 G 우위인 반면 F-5E는 지속 선회율에서 근소하게 우위. 결론적으로 전반적 대등.
- 저속 특성 및 연료소모율: 유사
- 화기 관제장치/레이다(radar return): 대등.
- 조종석 시야 : F-5E 우세

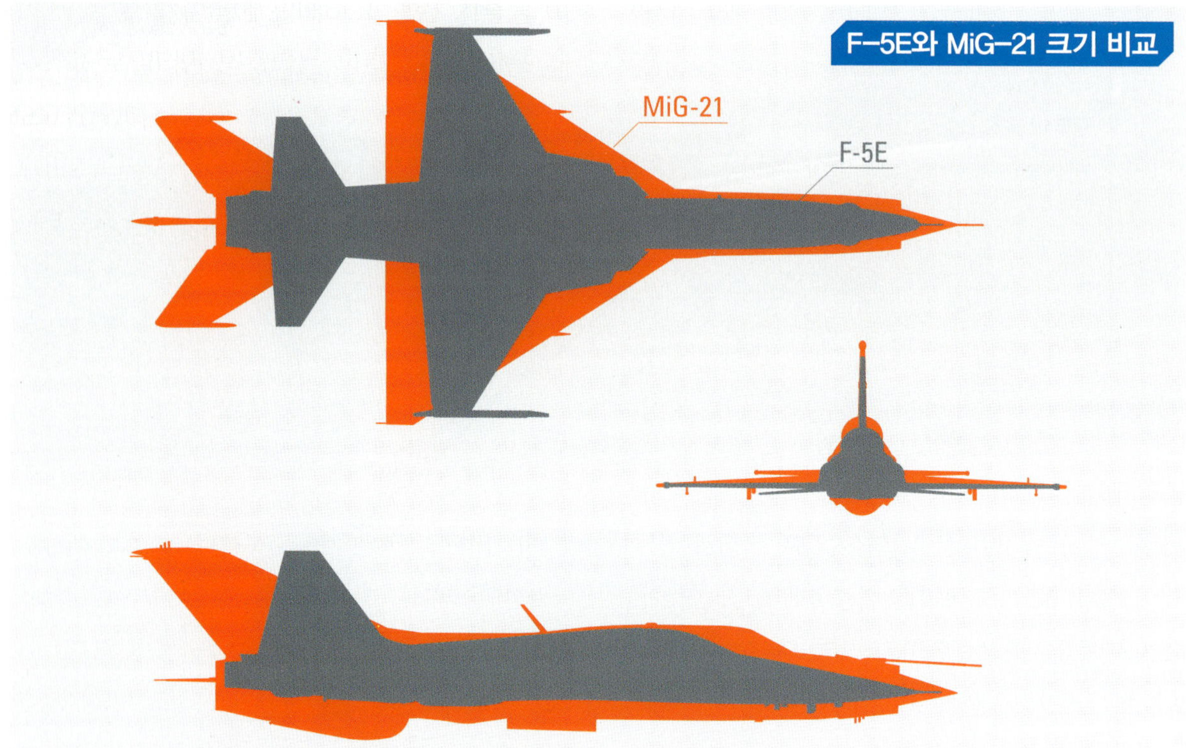


두 기종 사이의 유사점 중 하나는 바로 저인 시성이었다. 서방 주력 전술기 대비 작은 체적의 MiG-21은 정면 접근 시 5 마일 이내에서 육안식별이 어려운 기체로, 근접전 시 전술적으로 상당한 이점을 가지고 있었다. F-5E는 MiG-21에 비해서도 작은 체적을 가져 F-5E를 운용하는 미 공군 가상적기(Aggressor) 대대에서는 "날으는 바늘(the flying needle)"이라고 불렸다. 또는 "모기(mosquito)"라고도 불렸는데 이기종간 공중전 훈련(DACT) 시 작은 F-5E가 보이지 않다가 은밀히 또는 갑자기 나타나서 "물어뜯는" 전술 상황을 다수 재현하는 데서 비롯한 명칭이었다. 한국 공군에서의 별칭은 '이쑤시개'였다.

전반적으로 저공에서의 기동성과 조종석 시야면에서 F-5E는 MiG-21 대비 근소한 차이로 우위를 점한 반면, MiG-21의 우위는 고속에서의 가속력과 고공 비행성능에 있었다. 이는 F-5 계열

USAF

군산기지 미 공군 8전비와 한국 공군 38전대 간의 상호 항공기 지원 프로그램으로 111대대의 F-5E 랜딩기어에 초크를 넣는 미 공군 요원. 랜딩기어 도어 하단의 힌지형 플랩에 주의.

'팀스피릿 84'에 참가한 한미 공군의 전술기들. 앞에서부터 F-15A, 미 공군 F-4E, F-16A, 한국 공군 F-4E, F-5E.

여유 있게 MiG-21을 대응할 수 있었고, F-5E 대비 강력한 레이다 성능과 가시거리 밖(BVR) 교전 능력은 MiG-21을 제압하기에 충분했다.

태생부터 꼬리표처럼 따라다녔던 "추력이 부족한 엔진"에 의한 근본적인 한계였다. F-5 전력을 보완하기 위해 F-4E가 수원기지에 파견 배치됐다. F-4E는 고공, 고속, 가속, 야간작전 성능에서

특히 156대대 소속 F-4E는 미 공군의 주요잉여물자(Major Item Material Excess: MIMEX) 기체로 당시 최신 AIM-7M을 장비해 성능상의 우위를 유지했다.

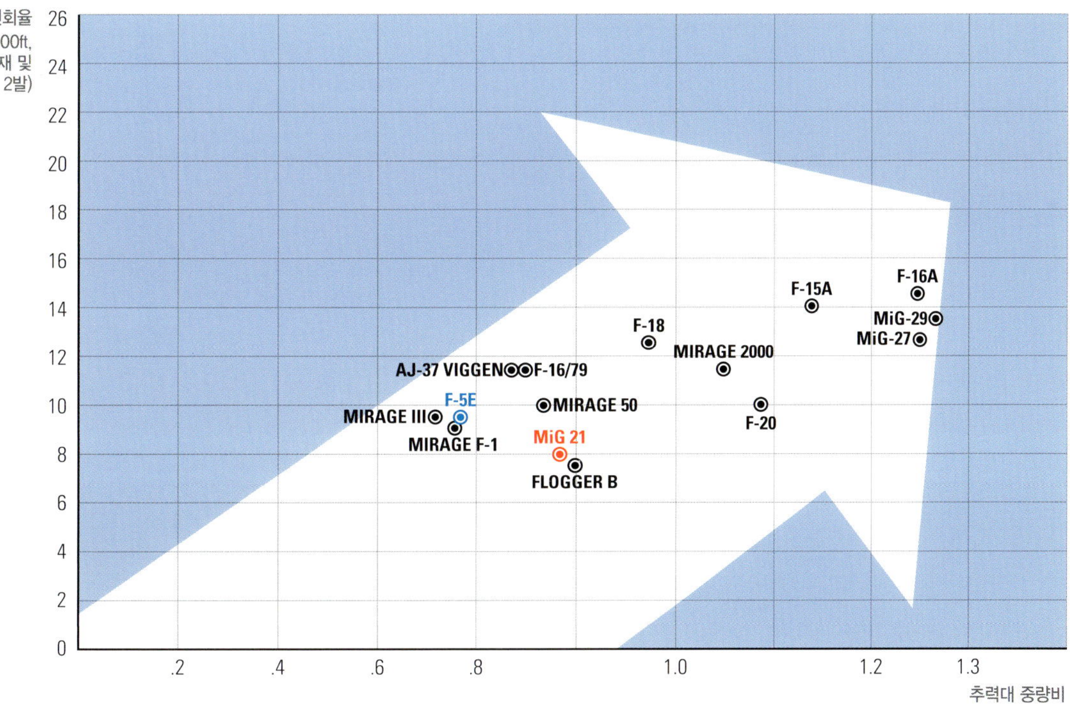

# Interview F-5 사람들

**이희돈** 대위
제10전투비행단 제101전투비행대대

**Q 간단한 자기 소개를 부탁드립니다.**

임관 후 광주에서 F-5 CRT수료 후 제10전투비행단 101대대에서 근무하고 있습니다.

**Q 개인이 느끼는 F-5E/F 항공기만의 특징/장단점은 무엇인가요?**

장점은 비상출격을 최단시간(3분)에 할 수 있고 크기가 작은 항공기이다보니 날렵하며, 공중조우시 적들로 하여금 육안확인이 어려운 점이 있습니다. 단점으로는 경량전투기이기 때문에 무장운용이 한정되어 있고, 레이다의 성능이 제한적이라는 점이 있습니다.

**Q 오랫동안 수도권 최전방 영공방어를 도맡아 온 F-5만의 가치는 무엇일까요? 다른 기지 비교시 근무 애로/특이사항이 있을까요?**

북한의 도발에 가장 빨리 이륙을 하여 대응할 수 있는 전투기이며, 타기종에 장착되어있는 많은 전자장비 없이도 조종사들이 그 부족함을 채우기 때문에 각자의 능력이 뛰어나다는 점입니다.

다른 기지에 비해 항로 및 주요도시가 있어 민원 및 이착륙절차가 조금 더 복잡합니다.

**Q 장기운용항공기로서 운용 안전성을 위해 취하고있는 대책사항은 무엇입니까?**

IFF 자기화, 통합안전사이트 전파, TO-1시험 등이 있습니다.

수원기지 101대대의 KF-5E

**Q F-5E/F를 운용하면서 있었던 에피소드나 아찔한 순간, 기억에 남는 추억이 있다면 나눠 주기시 바랍니다.**

이륙 후 갑자기 조종석이 더워져 온도조절 장치를 확인했는데 COLD로 되어 있었습니다. 하지만 에어컨 시스템의 문제인지 계속 뜨거운 바람이 나와 이상을 느꼈고 조치를 취했는데도 상황이 바뀌지 않아 땀을 많이 흘리며 비행을 했던 적이 있습니다. 다행히 엔진 계기는 모두 정상이어서 착륙 후 정비사에게 전달했습니다. 나중에 난냉계통의 문제가 있다고 전달 받았습니다.

**Q 대한민국 공군의 역사와 역할에 있어서 F-5 계열의 의미와 의의는 무엇일까요? 그리고 미래 POST F-5시대(KF-X로 대체예정)에 대한 감상과 소견을 부탁드립니다.**

대한민국 최초의 전투비행대대의 역사와 함께 성장한 전투기이며 수도권 방어의 최선봉이라는 의미가 있습니다. 미래에 KF-X사업이 완성되면 퇴역의 수순을 밟겠지만 역사의 한 획을 그은 전투기로서 과거 대한민국의 상공을 지킨 여러 전투기 중 으뜸이라고 자부합니다. 발전하는 공군을 위해 역사의 뒤편으로 물러나지만 항상 기억해야 할 것입니다.

# Interview F-5 사람들

**한문권** 원사 제10전투비행단 항공정비사
**김선재** 하사 제10전투비행단 항공무기정비사

## Q 간단한 자기 소개를 부탁드립니다.

• **한문권 원사:** 저는 1992년도에 공군 부사관 으로 임관하여 제3훈련비행단, 공군사관학교, 제19전투비행단, 제29전술훈련비행전대를 거쳐 현 제10전투비행단에서에서 근무 중이며 주 기종은 F-16 항공기였지만 2012년도부터 F-5 항공기로 기종 전환 후 근무하고 있습니다.

• **김선재 하사:** 필승! 하늘을 지키는 가장 높은 힘! 대한민국 공군 부사관 후보생 224기로써 2016년부터 수도권 최전방에 위치한 제10전투비행단에서 남들이 흔히 얘기하는 공군에서 제일 고단한 특기라고 일컫는 특기들 중 상위권을 차지하지만 항공기를 직접 만지고 지원하는 몇 안 되는 특기로 그만큼 보람과 뿌듯함이 공존하는 항공무기정비사로 일하고 있는 하사 김선재 입니다.

## Q 개인이 느끼는 F-5E/F 항공기만의 특징/장단점은 무엇인가요? F-5E 일반과 제공호가 운용 시 차이점은 무엇인가요?

• **한문권 원사:** F-5 항공기는 전자기기의 빠른 워밍업과 간단한 시동절차로 짧은 시동시간 및 빠른 이륙으로 초기대응이 빠른 장점이 있으며 단점으로는 노후 된 기종으로 구형 전자기기가 장착되어 있어 성능 면에서 최신 전투기에 많이 뒤쳐집니다.

일반과 제공호의 차이로는 일반 F-5에 없는 Chaff/Flare(레이다 교란 장비/미사일 회피 장치)를 장착함으로서 항공기 및 조종사의 생존성을 높였다는데 큰 차이가 있습니다.

• **김선재 하사:** 제가 생각하는 장점은 타 항공기에 비해 시동 후 이륙시간이 짧아 빠른 비상출격이 가능하고 그로 인해 적의 기습에 빠르게 대처할 수 있습니다. 또한 임무에 따른 항공기 외장 변경 시간이 짧아 빠르게 임무를 준비할 수 있습니다.

단점으로는 노후 기종이다 보니 전천후 기능이 없어 비행 임무가 날씨의 영향을 많이 받고 생산연도가 오래 되어 결함 발생률이 점점 증가하고 있어 결함 후 정비에 자재 및 시간이 많이 소요됩니다.

제공호는 일반에 비해 공중전 장악에 필수인 도그파이트 기능이 있어 공대공, 공대지 임무 전환이 신속하게 가능하고, 일반 항공기 복좌는 Chaff / Flare 기능을 가지고 있지 않아 방어능력이 떨어지지만 제공호는 단좌 복좌 모두 Chaff / Flare 등 적의 미사일을 교란 시켜 회피하기 위한 기능을 가지고 있습니다.

창정비 중인 수원기지의 KF-5E

**Q 오랫동안 수도권 최전방 영공방어를 도맡아온 F-5 만의 가치는 무엇일까요? 현재 수원기지 F-5가 주로 수행하는 임무는 무엇입니까? 다른 기지 비교 시 근무 애로/특이사항이 있을까요?**

• **한문권 원사:** F-5 항공기는 시동시간이 매우 짧으며 이륙 후 최단시간 내에 작전고도까지 도달함으로써 유사시 도발하는 적 항공기를 최단시간 내 대응하여 수도권 영공방위에 큰 역할을 담당하고 있습니다.

# Interview F-5 사람들

• **김선재 하사:** F-5 제공호 항공기는 우리나라에서 처음으로 조립, 생산된 전투기로서 가치가 있으며 빠른 출격이 가능하여 수도권 최전방 영공방어에 적합한 항공기입니다.

수원기지 F-5 항공기는 서해 5도 및 수도권 영공방위를 주 임무로 수행하고 있습니다.

제 10전투비행단은 다른 기지와는 다르게 부대 내에 지하철 소리가 들릴 정도로 역세권에 자리하고 있어서 주말에 집에 가기도 편하고 무엇보다 학원이나 도서관이 인근에 위치해 있어서 자기개발을 할 수 있는 기회가 많습니다.

**Q 장기운용항공기로서 운용 안전성을 위해 취하고 있는 대책사항은 무엇입니까?**

• **한문권 원사:** 노후 기종으로서 주요기골 교체 및 점검주기 단축, 점검항목 확대 등 제작 초기에 만들어진 점검항목보다 훨씬 많은 추가항목으로 시간과 인력, 기술을 투자하여 운용 안전성을 높이고 있습니다.

• **김선재 하사:** 기본과 원칙! 신뢰와 소통! 항상 기본에 충실하고 T.O에 어긋나지 않게 원칙을 준수하며 함께 일하는 정비사들을 신뢰하고 함께 소통함으로서 사건, 사고를 예방하여 장기운용항공기지만 운용 안전성을 높이고 있다고 생각합니다.

MK-82 500파운드 실탄을 장착 중인 수원기지 201대대 KF-5E

**Q** **F-5/F를 운용하면서 있었던 에피소드나 아찔한 순간, 기억에 남는 추억이 있다면 나눠 주시기 바랍니다.**

• **한문권 원사:** 저의 선배 정비사분께 일어났던 일입니다.

F-5 항공기는 에어 인테이크가 수축확산형으로 진입구는 좁고 들어가면서 넓어지는 형태인데 선배께서 에어 인테이크로 진입하여 내부 및 엔진 앞부분을 점검하고 나오면서 체구가 큰 선배의 어깨부분이 좁은 에어 인테이크에 끼어 나오지 못하고 있는 상황을 동료 정비사가 발견하였습니다.

여러 방법을 시도해 보다 안 되어서 결국은 엔진을 장탈하고 엔진이 장착되는 에어 인테이크 뒷부분으로 나오면서 그 사건은 마무리가 되었습니다. 폐소공포증이 있는 사람이라면 트라우마가 생길뻔 했습니다. 이후 해당 항공기는 다른 기장들이 에어 인테이크 진입점검을 대신 해 주었습니다.

• **김선재 하사:** 아무래도 탄약을 항공기에 장착하는 일을 하다 보니 기존에 있었던 사고사례를 바탕으로 안전교육을 수시로 받는데 그런 사고들이 아직까지 일어나지는 않았지만 안전에 소홀히 하면 언젠가는 나에게도 일어날 수 있겠구나 싶어 아찔하긴 합니다.

**Q** **대한민국 공군의 역사와 역할에 있어서 F-5 계열의 의미와 의의는 무엇일까요? 그리고 미래 'Post F-5 시대' (KF-X로 대체 예정)에 대한 감상과 소견을 부탁드립니다.**

• **한문권 원사:** 저렴한 로우급 경전투기로서 MiG-21보다 우월한 성능을 갖고 있으며 제공호의 초기 생산 분은 녹다운(부품단위로 분해한 뒤 현지에서 생산, 조립) 생산 기체이지만 이후 엔진까지 면허 생산함으로써 지금까지의 영공방위와 앞으로의 전투기 개발에 큰 의미가 있는 항공기라 생각합니다.

• **김선재 하사:** 제공호는 우리나라에서 최초로 생산한 항공기이고 최전방 공군 주력기로서 현재까지 수많은 임무를 완벽히 수행하였으며 이제 우리나라만의 기술력으로 전투기를 생산하는 KF-X 사업의 시발점이 되었다고 생각합니다.

최초로 조립하고 생산했던 F-5를 지나 이제는 우리나라만의 독자적인 기술력을 바탕으로 생산될 KF-X 항공기 또한 F-5 항공기만큼 오랫동안 대한민국의 영공방위를 할 수 있을 것이라 생각합니다.

공중전은 물론 지상전에서도 F-5는 한국군의 중요한 자산이었다. 근접항공지원(CAS) 및 전장항공차단(BAI)의 핵심전력이자, 한미연합사의 '합동 대전차 공격작전(북한 기갑군단 남하 시 공중저지와 아군 지상작전을 엄호)'의 주전력이었다. 일반 범용폭탄(GPB)과 2.75인치 로켓포드로 무장한 F-5는 개전 초기 북한의 기갑군단을 신속히 저지하는 임무를 맡았다.

이웅평 대위의 MiG-19기(맨앞)를 추적 감시하는 F-4E(가운데)와 F-5F

F-5E/F는 북한 귀순 항공기 방공작전의 최일선에서 활약했다. 1983년 2월 25일 이웅평 대위 귀순(MiG-19), 1996년 5월 23일 이철수 대위 귀순(MiG-19)을 성공적으로 유도했다. 중공 항공기 귀순 방공작전에서는 1986년 2월 21일 진보충 귀순(MiG-19)과 1986년 10월 24일 중공 조종사 정채전 귀순(MiG-19) 시에도 활약, 영공방위의 최전선에 서 있음을 증명했다. 특히 이웅평 대위 귀순을 성공적으로 유도해 화랑무공훈장을 받은 F-5E 조종사는 후에 공군참모총장으로 영전하게 되는 박종헌 당시 소령이었다.

## T-38 도입

한국 공군은 고등비행훈련을 담당했던 F-5B 항공기 노후화와 대체 항공기인 KTX-2(T-50) 개발 기간에 따른 공백을 메꾸기 위한 대체 전력으로 미 공군의 T-38A 탤론(Talon) 훈련기 30대를 대여하기로 결정했다. 이들 T-38 훈련기는 미국 애리조나 사막 초과품 저장창 AMARC(Aerospace Maintenance and Regeneration Center)에 보관돼 있던 항공기로 1950년대 초도생산 이후 평균 1만 6,000시간을 비행하고 40년이 경과한 노후기였다.

한국 공군은 기체 갱신과 수명연장 비용을 부담하고 미 공군에서 이를 다시 8,600만 달러에 임대하는 형식으로 공군 군수사령부 정비부 전술기처가 직접 미국으로 건너가 항공기를 선별했다. 1996년 T-38 항공기의 임차사업 승인 후 1999년 3월 6대, 8월 9대, 11월 15대 등 총 30대가 제16전투비행단 제189전투비행대대와 제115전투비행대대에 배치됐다. 이로써 한국 공군은 F-5

"Break now!" 경쾌한 기동성을 보여주는 T-38 편대

후계기인 T-50과 편대 비행 중인 T-38

계열의 사실상 최초 양산 항공기였던 T-38을 도입함으로써 RF-5E를 제외한 모든 F-5 시리즈를 도입하는 기록을 남기게 된다.

한국 공군은 2000년부터 T-38 훈련기를 고등비행훈련기로 운용했으며, 28개 차수 940여 명의 조종사들을 배출했다. 공군은 이후 10여 년 동안 T-38 훈련기를 운용하면서 단 한 차례의 사고도 없이 약 8만 시간 무사고 비행기록을 수립했다. 2008년 6월 1차로 T-38 훈련기 15대를 반환했고 2009년 12월에 15대를 반환했다. 반환한 훈련기는 다시 미국 AMARC에 보관됐다. T-38 훈련기는 한국항공우주산업(KAI)의 T-50 고등훈련기로 대체됐다. 189대대는 T-50으로 기종전환하여 광주 제1전투비행단으로 이동 배치됐고, 115대대는 제16전투비행단에서 T/A-50 전술입문기(Lead-in Fighter Training; LIFT) 운용대대로 기종전환했다.

### 최후의 호랑이들

세월이 흘러 한국 공군의 F-5 계열들도 날개를 접기 시작했다. 1998년 8대의 F-5A가 대당 100달러에 필리핀에 무상 공여되고, 2005년까지 F-5A/B 전 기체가 도태됐다. F-5 운용 전투비행대대들도 최신 기체들로 기종전환을 하거나 잠정 해편됐다. F-5A를 운용해 온 102, 122대대는 각각 2007년 4월, 2005년 8월 F-15K 운용대대로, 121 및 123대대는 각각 98년 6월, 97년 3월 KF-16 운용대대로 기종전환해 재창설됐다(120대대는 94년 9월 KF-16 기종으로 재창설). 2007년에는 RF-5A를 운용하던 제132전술정찰대대가 해편되며 RF-5A가 퇴역을 맞게 됐으며, 정찰임무는 제192전투비행대대 RF-16에 인계됐다.

편대비행 중인 F-5E와 A-50. T-50의 경공격기형인 FA-50은 103, 202, 203대대의 F-5E/F를 대체했다.

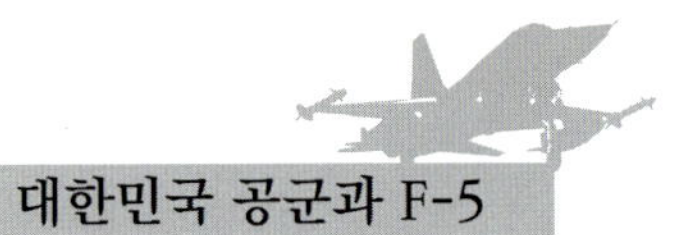



# Interview F-5 사람들

## 정경두

국방부 장관

(공사 30기, F-5A/B 조종사, T-38 비행대대장)

- 제1전투비행단장
- 공군본부 전력기획참모부장
- 남부전투사령관
- 공군참모차장
- 합동참모본부 전략기획본부장
- 공군참모총장
- 합동참모의장
- 국방부 장관

**Q 장관님께서는 군에서 여러 중책을 거치셨지만 무엇보다 비행시간이 2,900여 시간에 이르는 전투조종사이십니다. 어떤 연유로 전투조종사의 길을 걷게 되셨습니까?**

저는 진주에서 초, 중, 고를 거친 진주 토박이입니다. 인근의 사천 제3훈련비행단 소속 조종훈련생이나 조종사들을 진주 시내에서 마주치게 되면 멋지고 특별한 느낌이 들어 조종사가 되어 보고 싶다는 생각을 가지게 됐습니다. 한편으로는 집안 형편이 넉넉지 않아 원하는 대학에 진학하기가 어려웠습니다. 그래서 공군사관학교에 진학하여 전투조종사의 길을 걷게 됐습니다.

**Q 조종사로서 F-5를 어떻게 평가하십니까?**

제 비행시간 총 2,900시간 중 약 1,500시간이 F-5A/B 기종입니다. 나머지는 비행교관으로서 T-33, T-37 비행시간과 T-38 등의 여타 기종으로 1,400여 시간이 됩니다. F-5E/F로 전환할 기회가 있었는데 당시 F-5B 비행사고가 발생하면서 공군 지휘부에서 F-5A/B 기종의 허리에 해당하는 숙련 조종사들의 기종전환을 금지했습니다. 그래서 주로 광주기지의 102대대, 122대대에서 F-5A/B를 주기종으로 탑승했습니다.

F-5A/B는 무엇보다 긴급발진 능력이 뛰어납니다. 항공기가 단순해서 3분 또는 5분 내에 대응 출격이 가능하기 때문에 성남, 수원, 강릉, 원주 등의 전방기지에 배치돼 긴요한 즉응전력으로 활약했습니다. 또한 조종성이 우수하고 시스템이 간단해서

적응과 조종이 쉬운 편이라고 생각합니다. 요즘의 최신 전투기 조종사들은 탑재된 첨단 시스템에 많은 도움을 받는데 F-5는 조종사 자신의 기량에 대부분 의존해야 합니다. F-5A/B의 경우는 레이다가 없어서 눈으로 적을 찾는다고 해서 일명 '아이다(Eye-dar)'라고 했습니다(웃음). 정밀 항전장비도 없기 때문에 무장 운용능력에 제한이 많고, 기본 공대공 무장은 기총과 AIM-9 두 발 정도로 공대공 및 공대지 무장량에도 제한이 많은 점은 단점이라고 봅니다.

## Q F-5를 비행하시면서 기억에 남는 에피소드가 있으신지요?

여러 에피소드가 있지만 공중 육안 색적을 잘 해서 조종사로서 좋은 평가를 받았던 일이 가장 기억에 남습니다. 1992년 1월 광주 122대대에서 편대장을 맡고 있던 시절이었습니다. 당시 한주석 공군참모총장께서 F-5F에 탑승하셔서 지휘비행을 하신 적이 있었습니다. 각 비행단의 요격능력을 불시에 평가하는 것이 목적이었는데, 사실 총장님께서 직접 작전능력을 평가하는 일이기 때문에 부담이 큰 임무이지요. 저와 다른 편대원이 편조를 이루어 출격했는데 우리가 총장님 항공기 요격에 성공했습니다. 레이다도 없는 F-5A가 먼저 요격을 해내자 깜짝 놀라는 분위기였죠. 게다가 14마일에서 육안 색적해서 더욱 놀라워했습니다. 통상적으로 F-5처럼 작은 기체는 공중에서 5~6마일에서 육안 색적하기 마련이고, 7~8마일에서 하면 잘 했다고 합니다. 관제사가 18, 14마일 차례로 거리를 알려주었을 때 14마일에서 색적할 수 있었습니다. 이러한 성과에 안택순 비행단장님께서 크게 기뻐하시며 격려금도 주셨습니다. 지금도 헬기를 타고 이동할 때 공중에서 비행기가 눈에 잘 들어옵니다(웃음). 나중엔 총장님께서도 비행단에 내려오셔서 격려해 주셨는데, 저는 마침 공군대학 고급지휘관 참모과정(Command & Staff Course, CSC) 교육으로 부재 중인 상황이었습니다. 당시 편조 조종사는 우수 조종사로 선발됐습니다. 그 외에도 공대지 우수편조로 선발되기도 했던 기억이 F-5 전투조종사로서 보람있는 추억으로 남아 있습니다.

광주기지 122대대 근무 시절의 정경두 당시 소령과 F-5A

아찔했던 경험도 있습니다. 한번은 구름 속에서 운중 편대 비행 중 요기의 위치가 잘 파악되

## Interview F-5 사람들

지 않았습니다. 제 후미에 약 3피트, 즉 1미터도 떨어지지 않은 거리에서 바짝 붙어서 비행을 하는데 털끝만큼한 실수를 하면 충돌사고로 이어질 수 있는 상황이었습니다. 극도의 긴장 속에서 요기와 교신하며 위치를 찾는데 보였다 안보였다 하는 겁니다. 사투 끝에 위험을 무릅쓰고 분리 기동을 단행해서 비상 상황에서 빠져나올 수 있었습니다. 그 때 "아, 정말 우리 조종사들이 매 순간 목숨이 걸린 비행을 하는구나"라는 생각이 들었습니다. 그럼에도 전반적인 비행 생활은 큰 사고 없이 안정적으로 꾸려올 수 있었습니다.

**Q T-38 대대장을 역임하셨습니다. T-38 비행과 대대장 시절 경험은 어떠하셨는지요?**

T-38은 우리 공군이 노후화 돼가는 F-5B의 부족한 대수를 보충하고 KTX-2(T-50 고등훈련기 사업) 개발 완료까지의 공백기를 채우기 위해 도입한 고등훈련기였습니다. 기본적으로 F-5B와 거의 같은 기체라고 보면 되지만 조종사 훈련에 보다 최적화돼 있습니다. 근본적으로 무게중심(Center of Gravity, CG)이 앞쪽에 있어서 비행훈련 중 이상이 생기면 기수를 아래로 누르면 쉽게 회복하는 특성이 있습니다. 항공기의 기동성보다는 안정성에 무게를 두고 설계된 기종입니다. 탑재 시스템과 항전 등이 기초적인 것 뿐이라 최신에 전투기 조종사 훈련에는 부족한 면이 있으나 기본 비행술을 익히는 데는 매우 우수한 훈련기라고 생각합니다. 다만 착륙속도가 너무 빠른 것이 단점입니다. 착륙속도가 150~160knots이고 착지속도가 130~140knots로서 착륙이 쉽지 않은 편입니다. 브레이크 제동시 타이어에 펑크가 나는 경우도 있습니다.

T-38 비행대대장(115대대)을 지내면서 보람 있었던 경험은 비행대대마다 차이가 있었던 T-38 훈련 커리큘럼을 단일화했던 일입니다. 당시 두 개의 T-38 운용대대(115, 189대대)가 있었는데 훈련 커리큘럼에서 차이가 있었습니다. 115대대는 전통의 F-5B 전환교육 대대로 명성이 있었고, 189대대는 미국에서 T-38 교육을 받은 인원들로 구성되어 각각 서로 다른 철학과 훈련 방식이 있었습니다. 한 예로 착륙 시에 115대대는 비교적 높게 어프로치를 해서 안정적으로 내리도록 교육하는 반면, 189대대는 처음부터 낮게 어프로치해서 계

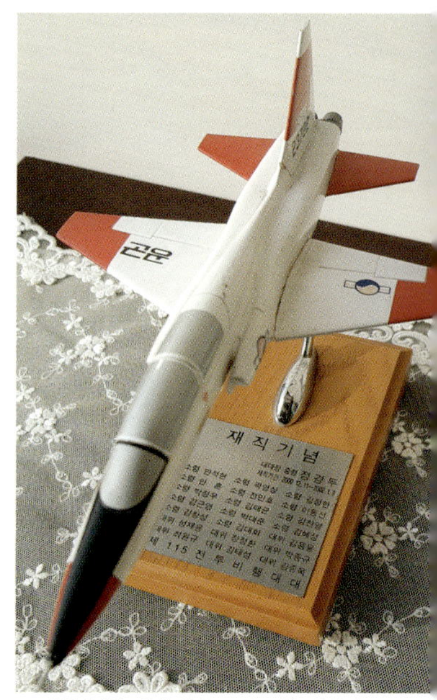

115비행대대장 재직 기념 T-38 모형. 대대장 정경두 중령과 대대원 이름들이 새겨져 있다.

T-38 기동을 설명하는 정경두 장관.

속 낮은 패턴으로 착륙하도록 가르쳤습니다. 그 외에도 약 20여 개에 달하는 훈련 커리큘럼의 차이점이 있었는데 두 대대가 서로 자신들의 방식에 '권위(Authority)'가 있다고 생각했기 때문에 이를 하나로 통일하는 것이 쉽지 않았습니다. 하지만 훈련생 조종사들의 안전과 체계적인 고등비행 훈련체계를 확립하는 것이 최우선이라는 신념으로 작전사령부 차원에서 T-38 훈련 커리큘럼을 일원화하는 목표를 수립하고 적극 추진했습니다. 최대한 객관적이고 합리적인 기준으로 여러 사람들의 의견을 종합적으로 반영해 T-38 교육 커리큘럼을 통합 재구성했습니다. 이를 계기로 T-38 운용 기간 동안 교육생들에게 보다 안전하고 체계적인 비행훈련을 제공할 수 있었다고 생각합니다.[1]

1) 한국 공군은 2000년부터 T-38을 고등비행훈련기로 운용했으며, 28개 차수 940여 명의 조종사들을 배출했다. 한국 공군은 이후 10여 년 동안 T-38 훈련기를 운용하면서 단 한 차례의 사고 없이 약 8만 시간 무사고 비행기록을 수립했다

### Q F-5는 곧 도태되는 과정에 있습니다. F-5 조종사로서 감회가 어떠신지요?

지금까지 공군에서 제가 탄 항공기는 전부 도태되었습니다. T-41, T-33, T-37, T-38, F-5A/B 등등 남아있는게 하나도 없어요(웃음). 개인적으로 F-5는 특히 정이 많이 들었고 지금까지 공직 생활을 영위하도록 힘이 되어준 항공기였습니다. 그러나 이제는 조종사들의 역량에 걸맞는 전투력과 안전을 최대한 보장해 줄 수 있는 신예기로 빠른 시일 내에 교체해 줘야 한다고 생각합니다.

### Q 대한민국 공군에 있어서 F-5 기종의 의의는 무엇이라고 생각하십니까?

경제와 안보 모두 어려웠던 시절 우리 공군의 기반이 되어준 항공기였다고 생각합니다. 특히 F-5만의 긴급출동 능력은 우리 안보환경에 적합한 특성이었고, 북한의 주력 전투기인 MiG-19와 MiG-21을 숫적/양적으로 막아낼 수 있었습니다. 이러한 기반을 바탕으로 발전한 우리 공군의 전력은 북한 공군의 그것과는 비교할 수 없이 강합니다. 주변국의 잠재 위협을 견제할 수 있는 세계적인 공군력을 건설하는 것이 F-5 도태 이후에도 이어질 과제라고 생각합니다.

같은 하늘 아래 결집한 한국 공군의 모든 전술 전투기들. 좌측부터 F-4E, FA-50, F-35, F-15K, KF-16. KF-5F. 20개에 달하던 F-5 대대들은 KF-16, F-15K, FA-50으로 기종 전환 및 재창설되거나 잠정 해편되어 2019년 말 현재 5개 대대만이 남아 있다. 다른 항공기보다 크게 작은 F-5의 크기를 알 수 있다. 공군

2015년 한국 공군은 F-5 계열 도입 반세기를 맞았다. 이 시기를 전후로 한국 공군 최후의 F-5 계열인 F-5E/F도 주로 미국 직도입 '일반' 항공기를 중심으로 도태가 진행돼 103, 202, 203대대는 F/A-50으로, 111대대는 KF-16으로 기종전환 및 재창설됐다. 205, 207(제공호) 대대는 잠정 해편돼 소속 기체들은 현역 F-5 대대로 돌려져 대한민국 영공 수호 호랑이의 명맥을 이어 나가게 됐다. 특히 205대대는 F-5E/F 대대로 창설돼 전무후무한 13만 시간 무사고 비행 기록을 남기고 잠정 해편됐으며, KF-X 대대로 재창설이 예상된다.

2019년 말 기준으로 3개 전투비행단에서 5개 전투비행대대가 최후의 F-5 운용대대로 남아있다. KF-5E/F 제공호를 주로 운용하는 101, 201대대(제10전투비행단)와 직도입 '일반' 기체를 주로 운용하는 105, 112대대(제18전투비행단)가 남아 최전방 영공수호를 여전히 책임지고 있으며, 206대대(제1전투비행단)는 F-5 기종전환 대대로 역할을 수행 중이다. 이중 105대대는 한국 공군 최초의 F-5A/B 및 F-5E/F 도입 대대이자 최후의 F-5E/F 운용대대로 남아있다. 또한 최초의 KF-X 도입 대대로 그 역사를 이어갈 것으로 예상된다.

대만과 싱가포르 등 F-5 주요 운용국들이 전자장비와 탑재무장에 대한 성능 향상을 거친 것과 달리 한국 공군 기체들은 개량사업을 거의 거치지 않았다. 그나마 최근 수행된 성능향상 사업은 사출좌석 교체, 한국형 GPS 유도폭탄(Korea GPS Guided Bomb: KGGB) 운용 정도이다.

KF-5E의 구형 사출좌석

F-5E/F의 사출좌석 교체 사업은 2011년부터 사업(사업비용 약 500억 원)이 진행돼 2013년에 완료됐다. 사업 추진 계기는 2010년 발생한 105대대 F-5F 비행사고였다. 강릉기지에 착륙하다 바다에 추락한 사고기에 탑승하고 있던 두 명의 조종사(대대장 고 박정우 대령, 정성웅 대위)가 추락 직전 비상탈출했지만, 사출좌석 성능부족으로 사망했기 때문이다. 사고기에 탑재된 사출좌석의 '생존가능 안전고도'는 약 660m로, 그보다 낮은 고도에서 탈출할 경우 낙하산이 제대로 펼쳐지지 않아 크게 다치거나 사망할 확률이 높았다. 신형 사출좌석은 2005년 미 공군 고등훈련기인 T-38 성능개량 사업을 통해 탑재된 사출좌석과 동일한 것으로 '고도 0, 속도 0'의 상황에서도 조종사를 안전하게 탈출시킬 수 있는 성능을 갖추고 있다.

2000년 이후 한국 공군이 운용하는 F-5 계열 전투기에서 사고가 발생한 것은 모두 8차례다. 기체 11대가 손상됐고 조종사 13명이 순직했다. 조종사가 사망하지 않은 사고는 2008년 11월 1건 뿐이었다.

실제로 사출좌석을 신형으로 교체하면서 사고 조종사가 생명을 건지기도 했다. 지난 2013년 9월 26일, F-5가 충북 증평에서 추락했다. 그러나 조종사 이모 대위(32)는 멀쩡했다. 민간 피해가 없는 야산으로 비행기를 몰고 가기 위해 탈출 적정 고도인 5,000피트(1,524m)에서 1,000피트(305m)나 더 내려온 뒤 탈출했지만, 다친 곳은 거의 없었다. 이날 이 대위가 몰던 F-5는 이전에 사고를 낸 같은 기종들과 달랐다. 이전에는 없던 2억 1,000만 원짜리 '신형 좌석'(사진)이 장착돼 있었다. 이 작

이동훈

구형 사출좌석을 교체한 신형 사출좌석 US16T

신형 사출좌석을 장착한 KF-5E. 이미 귀한 조종사의 생명을 구했으며 조종사들에게 비행안전 신뢰도를 높혀 주었다.

은 차이가 절체절명의 순간 귀한 전투기 조종사의 목숨을 구했다. 초기에는 '어차피 10년 안에 도태될 비행기에 새로 돈을 들일 필요가 있느냐'는 지적도 많았다. 하지만 귀중한 조종사의 목숨을 구한 가장 적절한 사업이라는 평가다.

또 하나의 F-5E/F 성능개량은 2013년부터 부여된 한국형 GPS 유도폭탄(KGGB) 운용능력이다. KGGB는 한국 공군의 요청으로 국방과학연구소와 LIG넥스원이 개발한 유도폭탄으로 500파운드 일반폭탄을 저렴하게 유도무기로 개조하기 위해 개발됐다. JDAM과 마찬가지로 GPS/INS 복합유도방식이나 JDAM과는 달리 활강날개를 장착해 최대사거리가 최대 100km 에 달한다. 덕분에 대공미사일, 전투기 등으로 구성되는 적 방공전력의 요격권 밖에서 지상표적을 공격할 수 있는 것이 장점이다. 또한 투하 후 경로변경이 가능해 작전 유연성을 높였다. 이러한 기능들은 공군의 강력한 요청에 의해 나온 기능인데, 바로 수도권을 노리는 북한 장거리포가 배치된 갱도형 진지 입구를 폭격하기 위한 것이다. 이로써 F-5E/F는 처음으로 장거리 정밀타격 능력을 보유하게 돼 그 전술적 가치를 높였다.

조종사와 더불어 강인한 인상을 주는 KGGB

KGGB 장비로 F-5E/F는 유용한 GPS 기반 항법장비를 가지게 됐다. KGGB 운용을 위해 조종사가 직접 들고 타는 터치스크린 장비 때문이다. 기존 JDAM이나 이것에 활공날개를 달아 사거리를 연장한 JDAM-ER은 항공기와 신호를 주고받으며 표적 정보를 갱신하거나, GPS 신호를 받기 때문에 이를 위해서는 반드시 항공기 자체에도 GPS 장비와 JDAM 운용을 위한 소프트웨어 및 추가 장비들이 필요하다. 그러나 KGGB는 조작이나 표적 할당, 변경 등을 조종사가 직접 들고 타는 터치스크린 장비를 통해 가능하기에 별도의 유도폭탄용 장비 탑재 혹은 소프트웨어 개조 없이 유도폭탄을 운용할 수 있다. 터치스크린 장비가 KGGB와 직접 암호화된 무선신호로 서로 통신을 주고받기 때문인데 부수적으로 최신형 디스플레이 장비가 없는 F-5E/F로서는 GPS 기반 항법장비를 보유하게 되는 계기가 됐다. 그동안 본격적인 항법장비가 없었던 F-5E/F에는 큰 개량 포인트이다.

그 외 공대지 무장으로는 Mk82 폭탄과 2.75인치 로켓탄 포드, Mk20 장갑파괴용 확산탄과 CBU-58 인마살살용 확산탄을 운용 중이다. 공대공 미사일로는 AIM-9P3/4형을 운용 중이다.

AIM-9P4형은 AIM-9L형과 동일한 형태의 시커를 사용해 제한적인 전방위 사격이 가능하다. CMDS (Counter Measure Dispenser System: 방어체계 투발 시스템)는 AN/ALE-40을 사용하며 AN/ALR-46(V)9(주로 제공호)나 이스라엘제 SPS-1000 (주로 일반 항공기) 레이더경보수신기(Radar Warning Receiver: RWR)가 장착돼 있다.

AIM-9P4

공군

이동훈

AN-ALE 40 CMDS. F-5F 일반 기체를 제외하고 모든 F-5E/F에 표준 장비되어 있다.

## 제205전투비행대대 13만 시간 무사고 기록 수립

2013년 8월 6일(화) 오후 1시 26분 빨간마후라의 고향인 공군 제18전투비행단 활주로. 1시간 전 이륙했던 F-5 전투기 두 대가 날렵한 모습으로 사뿐히 착륙하자 조종사들과 정비사들이 하나 둘씩 항공기 주위로 모인다. 제205전투비행대대 비행대장 김학수 소령(38세, 공사46기)과 하창무 중위(27세, 공사59기)가 캐노피를 열고 엄지를 치켜들자 조종사들과 정비사들이 크게 환호한다. 제205전투비행대대의 13만 시간 무사고 기록이 달성되는 순간이었다.

제205전투비행대대는 대대가 창설되었던 1977년 9월 20일부터 이 순간까지 35년 10개월 동안 13만 시간을 비행하면서 단 한건의 비행사고도 없었다. 하늘에서 5,417일, 약 14년 9개월을 아무런 탈 없이 보낸 것이라고 할 수 있다.

한 대대가 한 종류의 전투기만을 운용하며 이뤄낸 기록 중에서는 전 세계적으로도 유례가 없는 쾌거이다. 이 기간 동안 비행한 거리는 약 1억 530만 킬로미터(km). 지구 둘레를 약 2,700바퀴, 지구에서 달을 약 270회나 왕복할 수 있는 거리다.

김학수 소령은 “205대대의 13만 시간 무사고 비행대기록은 대대를 거쳐 간 선 · 후배 조종사들과 함께 이뤄낸 결과이다. 빛나는 기록을 이어가고 있는 205대대의 일원으로서 무한한 자부심을 갖고 있다.”라고 말했다.

약 36년이나 F-5E/F 항공기를 사고 없이 운용한 것은 조종사들의 비행 기량과 안전의식, 그리고 정비사들의 완벽한 정비지원이 있었기 때문에 가능했다.

동해안에 위치한 제18전투비행단은 해무가 잦고, 기상 돌변이 심하다. 갈매기와 같은 새들과의 충돌(버드스트라이크, Bird Strike)할 위험도 상존하고 있어 임무조종사들의 심리적 부담도 크다. 염분의 피해를 막기 위한 방부작업 등 정비소요 또한 만만치가 않다.

공군이 F-5E/F를 40년 가까이 운용할 수 있었던 것은 공군 군수분야의 각고어린 노력이 있었기에 가능한 것이었다. 기골보강을 통해 수명을 연장시키는가 하면, 단종된 부품을 얻기 위해 이미 도태된 다른 기체를 분해해 확보할 때도 있고, 직접 제작할 때도 있다.

제205전투비행대대장 장기석 중령(41세, 공사42기)은 "제18전투비행단은 동북부 최일선을 방어하는 전략적 요충지"라며, "영공을 침범하는 적기를 향해 가장 먼저 전선으로 출격해야 하는 조종사들은 항상 최고의 긴장감을 유지하며, 즉응 태세를 갖추고 있다."라고 말했다. 그는 또 "F-5E/F는 너무 나이가 들어 2010년대 중반부터 도태될 예정이다. 현재 답보상태인 한국형전투기(KF-X) 사업이 하루 빨리 정상 추진되어 20만, 30만 시간 무사고 기록은 국산 전투기로 이어가게 되기를 염원한다."라고 말했다.

출처 : 공군

## ● 제205전투비행대대 소개

205대대는 1977년 9월 20일, 예천기지에서 F-5E/F 고등비행 훈련대대로 창설되어 1982년 4월까지 고등비행훈련을 담당했다. 1982년 5월 12일 전투대대로 임무를 전환, 1994년 8월 16일 지금의 제18전투비행단으로 예속 변경되어 지금까지 조국 영공방위의 최일선에서 맹활약하고 있다. 그동안 보라매 공중사격대회 최우수 2회를 수상하였으며, 이번 13만 시간 무사고 비행 기록은 지난 2009년 1월 13일에 12만 시간 무사고 비행 기록을 수립한 지 4년 7개월 만이다.

205대대의 구호는 '걸리면 죽는다!'이다. 적과 가장 먼저 조우하여 가장 먼저 적을 타격하는 중책을 맡고 있는 전방 기지의 비장함을 그대로 드러낸다. 대대원들이 동일한 목표를 향해 의기투합하고, 매 출격마다 한 마음이 되어 서로를 응원하는 단결력이 바로 205대대가 자랑하는 무형의 전투력이다.

한국형 전투기 KF-X

## 호랑이의 후예

최후의 F-5E/F 기체들은 한국형 전투기 KF-X에 의해 대체될 예정이다. KF-X는 F-16급 이상의 국산 쌍발엔진 전투기 120대를 개발하는 사업이다. 사업비 규모가 총 18조 원으로 건군 이래 최대 규모의 무기 개발 사업이다. KAI가 제작하는 KF-X는 2021년 상반기 시제기 완성, 2022년 상반기 시험비행과 보완 작업 등을 거쳐 2026년 개발 종료를 목표로 개발 중이다. KF-X 최초 양산형 기체들은 기령이 가장 오래된 강릉 기지의 18전비 기체들을 우선적으로 대체할 것으로 예상된다. KF-X 블럭1형을 인수하면 동해 초계비행에 투입해 영공방위의 최일선 비행단으로 F-35A, F-15K, KF-16 등과 대한민국 공군의 주력전투기로서 어깨를 나란히 할 것이다.

2026년 실전배치라는 KF-X 개발 일정이 계획대로 진행된다면 2019년 현재 최우선 과제는 향후 6년간 F-5E/F를 안정적으로 운용하는 것이다. 이미 장기운용 항공기인 F-5E/F는 안전비행을 위한 체계적인 정비시스템을 구축, 다빈도 결함품목에 대해 주기적인 정밀검사를 실시하고 기체별 특성/상태 리스트 및 일일비행점검 체계를 구축해 최상의 비행안전을 도모하고 있다.

KF-X의 F-5E/F 대체는 최초의 국산전투기(국내면허생산)를 진정한 의미의 최초 국산전투기로 대체하는 일이 된다. 우리나라 교과서에도 소개된 바 있는 F-5F '제공 1호기(기체번호594)'는 강릉기지 112대대에 배속돼 운용되고 있으며 KF-X가 배치되는 날까지 영공방위 임무를 계속해 나갈 것이다.

미국의 군사원조사업에 따라 F-5A/B를 무상 지원받고, 기술이 부족해 F-5E/F 부품도입 조립에 만족해야 했던 대한민국으로서 KF-X의 양산/전력화는 격세지감의 역사일 것이다. 이러한 역사를 이룩할 수 있었던 기반에는 대한민국 공군의 F-5가 있었다. 한국 공군 최초의 초음속 시대를 열고 북한 대비 절대 열세이던 공군력의 질적/양적인 성장을 단기간에 이끌었고, 대한민국 최초의 면허생산으로 항공산업의 기초를 세웠으며, 꺼져가는 생명의 마지막 순간까지 임무에 충실했던 그 역사는 기억될 것이다.

KF-X 전력화 목표시기인 2026년은 한국 공군에 도입된 F-5 최후 계열인 F-5E/F가 대한민국 영공 지킴 호랑이로서 활약한 지 반세기를 넘기는 시점이다. KF-X는 이들의 명맥을 잇는 한국 태생 호랑이의 혈통으로서 또 다른 반세기를 대한민국 영공 지킴이로 활약할 것이다.

빨간 파랑 흰색의 원색 도장을 한 '제공 1호기'(F-5F, 594번기)는 교과서에 우리나라 최초의 국산전투기로 소개되며 유명세를 탔다. 최초의 제공호는 1982년 11년 25일 제10전투비행단(수원기지) 201대대에 최초 배치되었다. 이후 1989년 11월 9일 제16전투비행단(예천기지)으로 이관되었고, 1994년 8월 16일 다시 제18전투비행단(강릉기지) 제205전투비행대대로 이관되어 동 대대의 13만 시간 무사고 비행 기록 수립에 참여하였다. 2015년 205대대가 잠정 해편됨에 따라 제공 1호기는 같은 강릉기지의 제112전투비행대대로 이관되어 운용 중이며 최초의 국산전투기이자 최후의 F-5로 남을 예정이다.

대한항공

공군

강릉기지 112대대에서 최후의 F-5F로 작전 중인 '제공1호기' 594번기

## Interview F-5 사람들

**황호성** 중령
제18전투비행단 제105전투비행대대장

**Q 간단한 자기 소개를 부탁드립니다.**

공사 48기로 2000년에 임관하여, 2002년 첫 전투비행대대 생활을 이 곳 강릉기지에서 시작하여 제3훈련비행단 기본과정 교관, 작전사령부 전술작전통제관, 합동참모대학 합동고급과정 등을 거쳐 2018년 6월부터 제105비행대대장을 맡아오고 있습니다. 강릉기지에서만 10년이 넘는 전투비행대대 생활을 통해 그동안 F-5 1,100여 시간과 총 2,400여 비행시간을 기록하였고, 저에게 강릉은 오랜 시간 많은 추억들을 간직하게 해 준 제2의 고향이라 할 수 있습니다.

**Q 최초의 F-5A/B이자 E/F 창설대대인 역사적인 105대대장으로서 소회를 부탁드립니다.**

말씀하신 대로 105대대는 1965년 4월 미국으로부터 우리 공군에 최초로 인도된 F-5A/B 전투기를 운용하였고, 다시 1974년에 도입된 F-5E/F로 기종 전환하여 최신예기를 운용하였던 대대입니다. 개인적으로 이러한 역사와 전통의 전투비행대대를 이끌어 나가는 대대장이라는 점에서 매우 영광스럽게 생각하고, 공군과 비행단의 주 임무를 완수하기 위해 앞으로도 최선을 다해야 한다는 소명감을 갖고 작전에 임하고 있습니다.

**Q 현재 105대대 및 강릉기지가 역점을 두는 F-5의 주 임무는 무엇입니까?**

강릉기지는 동북부 최전방 기지로 상황발생시 초도 대응전력으로 운용되어 동북부 영공을 방어하는 것이 주 임무입니다. 북한의 다양한 도발 가능성에 대비하여 항시 출격 가능한 최상의 전투준비태세를 유지하고 있으며, 동해상 주변국의 KADIZ 진입 항적에 대한 요격 및 식별을 위해 비상출격하여 대응하는 임무도 수행하고 있습니다.

**Q F-5E/F만의 특징/장단점은 무엇인가요?**

F-5는 경량전투기로 개발되어 엔진은 소형이지만 쌍발엔진으로 추력이 좋고 기체 구조가 간단하며 조종하기가 어렵지 않으며, 정비도 쉽게 할 수 있다는 장점으로 도입되었습니다. 전투행동반경이 타 기종보다 작고 전자 장비가 부족하다는 단점이 있지만, 엔진시동부터 이륙까지 소요시간이 짧아 긴급출격능력이 탁월하며, 공중전 시계확보가 용이하고 조종사가 원하는 급기동을 모두 소화할 수 있는 기동 능력을 갖춘 항공기입니다.

**Q 장기운용항공기로서 운용 안정성을 위해 취하고 있는 대책사항은 무엇입니까?**

항공기 운용 안정성을 위해 항공기 가동률 확보와 동시에 결함비율 감소를 위한 계절별 정비 강화 대책을 수립하여 시행하는 노력을 병행하고 있으며, 최적의 정비여건을 보장하고 조종/정비 분야 간 소통 활성화와 함께 전문성을 강화하여 무위의 손실을 방지하고 있습니다. 조종사들도 예상치 못한 비상상황과 항공기 결함에 대비하여 비상처치 훈련을 강화하고 있습니다.

**Q 공군에 있어 F-5 계열의 의의는 무엇일까요? 또 105대대가 최초의 KF-X 도입 대대가 될 가능성이 있는데 Post F-5에 대한 소견을 부탁드립니다.**

1960~70년대는 우리 국력으로 비행기 한 대 제대로 살 수 없는 형편이었고, 미국의 군사원조로 전투기 지원과 비행장 조성 등의 공군 현대화가 진행되던 시절입니다. 6.25 전쟁 당시 최초의 제트공중전을 주도한 F-86 제트기가 운용되고 있었지만 1950년대 말 소련이 동구권 국가에 MiG 계열 전투기를 대량공급하면서 상대적인 전투력 격차가 벌어지기 시작한 시기에 미국에서 경량전투기로 개발되었던 F-5A/B를 도입하면서 우리도 본격적으로 초음속 시대를 열기 시작했습니다. 지금은 비록 LOW급 전투기로서 작전거리와 무장능력이 다소 제한되지만 도입 당시 공군의 최신예 기종으로서 간첩선 격침이나 전투초계 등의 실제 작전에 투입되어 많은 성과를 올렸던 영공의 수호자였습니다. 이러한 F-5가 다시 반세기만에 KF-X로 대체될 것이라는 소식은 105대대에 가장 반가운 소식이라 할 수 있습니다. 그동안 어렵게 추진되어온 KF-X 사업이 정상 궤도를 그리며 2021년 시제기가 출고될 예정이라 대대원들 모두 남다른 관심과 기대를 품고 있습니다. 뛰어난 비행기량과 열정의 F-5 조종사들이 고성능 전투기를 타며 비행하는 모습을 하루 빨리 보고 싶고, 빨간마후라의 고향 이곳 강릉기지도 KF-X를 통해 전천후 기지로서 새롭게 도약하는 계기가 되었으면 합니다.

# Interview F-5 사람들

**최한샘** 대위
제18전투비행단 제105전투비행대대

## Q 간단한 자기 소개를 부탁드립니다.

제105전투비행대대 제1편대 표준화 장교를 맡고 있는 F-5E/F 조종사 최한샘 대위입니다. 공군사관학교 59기로 전자공학을 전공했고 2011년도에 임관했습니다. 강릉에서 초, 중, 고를 다닌 강릉 토박이입니다. 어린 시절부터 이곳 강릉 기지의 F-5E/F 항공기들이 날아다니는 모습을 흠모하며 자랐고 강릉 기지에서 주최하는 모형 항공기 대회에도 참가하며 전투조종사의 꿈을 키워왔습니다. 내년 3월 출산을 앞두고 있는 예비 아빠입니다.

## Q 임관 후 강릉기지로 오기까지 어떤 과정과 근무지를 거쳤는지 알고 싶습니다.

T-103 항공기로 초등비행, KT-1으로 중등비행, T-50으로 고등훈련, F-5E/F CRT(작전가능전환훈련)을 거쳐 2013년 강릉 기지에 전입했습니다. 현재 F-5E/F를 주기종으로 약 600여 비행시간을 가지고 있습니다. 29전대에서 전술훈련과정도 거쳤습니다.

## Q 조종사로서 생각하는 F-5E/F 만의 특징/장단점은 무엇일까요?

전형적인 2세대 전투기로서 조종사의 손을 많이 탄다는 것입니다. 저는 고등훈련 때 F-5보다 한 세대 후의 기종인 T-50을 탔었는데 F-5로 전환하니 항공 기술적으로는 후퇴하는 셈이라서 어려움이 있었습니다. 처음 F-5 CPT(Cockpit Procedure Trainer)를 탔는데 항공기 자세 유지부터 힘들었습니다. T-50에서는 비행 자세나 상태를 기체 시스템이 자동 제어해 주는 부분이 많기 때문에 신경 쓸 일이 거의 없었는데 F-5에서는 트림 조작부터 익숙해져야 하니 손이 많이 갑니다. 그만큼 비행시간이 조종사의 기량에 미치는 영향이 다른 기종보다 훨씬 크다고 합니다. 이런 점은 장점이자 단점이라고 생각합니다. 조종사의 실력이 항공기에 고스란히 반영된다는 것은 장점이겠고 대신 항공기 적응 시간이 오래 걸린다는 점은 단점이라 할 수 있겠습니다. 공중 기동 도해를 연구할 때도 다른 기종들처럼 책자나 소프트웨어 대신 칠판에 손으로 직접 그려야 하니 역시 손을 많이 타는 셈입니다(웃음).

**Q F-5E/F 를 운용하면서 있었던 에피소드나 기억에 남는 추억이 있다면 나눠 주시기 바랍니다.**

장기운용항공기에 따른 어려움이 있습니다. F-5 첫 비행에서 갑자기 자세계에 결함이 발생했습니다. 딱 멈춰서 아예 작동을 하지 않는 거에요. 깜짝 놀라서 긴장이 엄습해 오는 찰나 후방석 교관 조종사께서 "I got! (내가 조종한다)" 하고 외치시던 음성이 귀에 생생합니다. 임무 중지 후 귀대하는데 "자주 이러니 걱정말라"는 말씀이 인상깊었습니다.

그 외에도 엔진 수치 이상 표시와 heading(방향) 비정상 지시 등의 비상 상황도 겪었습니다. T.O. 에도 없는 고장 상황이 발생할 때도 있어서 상호 토의를 거쳐서 대비책을 정리합니다. 항상 불시의 고장이나 비상상황에 대비하고 있고 각 기체별 상태와 약점을 하나 하나 파악해서 공유하고 항공기 특성 또한 지속적으로 관리하고 있습니다.

기억에 남는 또 하나의 에피소드는 4기 편대로 독도 상공에서 비행단 홍보 동영상을 촬영했던 임무입니다. 편대에서 브레이크하며 플레어를 투하하는 역동적인 장면인데 그 사진을 볼 때마다 흐뭇합니다. 강릉 기지를 상징하는 사진 같아서 애정이 많이 갑니다.(아래 사진 참조)

# Interview F-5 사람들

**Q 대한민국 공군 역사에 있어서 F-5 계열의 의의는 무엇 일까요? 그리고 미래 'Post F-5 시대' (KF-X로 대체 예정)에 대한 소견을 부탁드립니다.**

빠른 반응 및 출격시간이라고 생각합니다. 스크램블이 걸리면 배틀 (비행장구를 착용하고 조종석 대기)의 경우 3분 안에 출격이 가능합니다. 일반 비상대기시는 5분이면 올라 갑니다. 다만 제한된 연료로 인해 러시아 중국 등의 항적을 식별한 후 체공시간과 성능이 더 우수한 다른 기종에 대응 임무를 인계하는 경우가 많습니다. F-5의 임무가 공대공보다는 공대지로 많이 옮겨가는 추세인데 특히 KGGB (Korea GPS-Guided Bomb: 한국형 GPS 유도폭탄) 장비로 북한의 장사정 포대 선제 공격에도 투입되어 F-5의 공대지 임무 능력과 존재 의의가 강화되었다고 생각됩니다. 이렇게 F-5는 우리 영공방위의 발빠른 파수꾼이면서도 오랜 세월을 거치며 바뀌어 가는 전장 환경에도 맞추어 가며 임무를 수행해 가는 믿음직한 항공기라고 생각됩니다.

한편으로는 KF-X가 원래 계획대로 개발을 마치고 적시에 전력화되어 장기운용항공기 운용의 부담을 덜어주기를 희망합니다. 사실 어떠한 기종이던 간에 영공방위라는 저희 전투조종사들의 임무는 변함이 없습니다. 알수 없는 미래이지만 대한민국 공군 최후의 F-5 조종사로 남아서 최초의 KF-X를 인수할 날을 고대해 봅니다.

F-5F 전투기의 전방석 조종사로 필자와 동승한 최한샘 대위. 강릉 토박이인 최대위는 임무 완료 후 복귀하는 도중 강릉의 주요 명소를 공중에서 보여주었다.

**이상현** 원사 제18전투비행단 제105정비중대
**박근우** 하사 제18전투비행단 제105정비중대

## Q 간단한 자기 소개를 부탁드립니다.

• **이상현 원사:** 제105정비중대에서 F-5E/F 정비를 담당하는 이상현 원사입니다. 부사관 164기로 임관하여 25년째 강릉기지에서 F-5E/F 정비를 해오고 있습니다.

• **박근우 하사:** 제105 정비중대에서 F-5E/F 무장을 담당하는 박근우 하사입니다. 부사관 229기로 임관하여 2년 6개월 간 강릉 기지에서 F-5E/F 무장을 책임지고 있습니다.

## Q 정비사/무장사로서 생각되는 F-5E/F 만의 특징/장단점은 무엇일까요?

• **이상현 원사:** 가장 빠른 대응 속도가 장점인 반면 비교적 적은 무장량이 단점이라고 생각됩니다. 전자장비가 단순하고 자이로 계통의 반응이 빠르기 때문에 가동률이 탁월합니다. 한 예로 자이로는 90초, 레이다는 1분 30초면 웜업이 끝납니다. 근본적으로 전자/전기적 항공기라기보다는 매우 기계적인 항공기이기 때문에 고장이 적

# Interview F-5 사람들

고 취급이 용이합니다. 장기운용항공기임에도 불구하고 아직까지 정비에 큰 지장이 없습니다.

• **박근우 하사:** F-5의 무장체계도 기계적 성격이 강하고 단순하며 접근성이 좋아 취급이 용이합니다. 고정무장인 M39A2 기총도 전기적 부분이 거의 없고 기계식이기 때문에 고장이나 오작동이 거의 없습니다. 무장량이 적은 것이 단점이지만 최대 사거리 100km의 KGGB 운용능력이 부여되면서 크게 개선되었다고 생각됩니다. F-5E/F의 작전 성격과 존재 가치를 달리하게 되었으니까요.

F-5E에 KGGB를 장착하는 무장사들

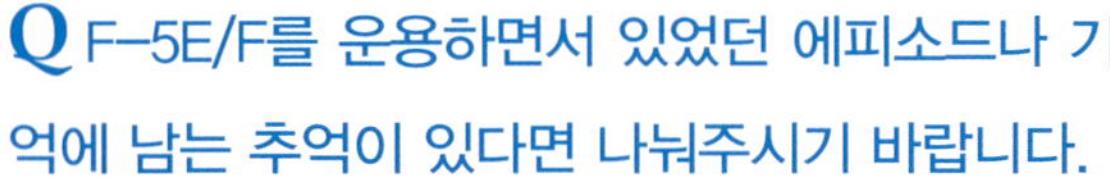

**Q F-5E/F를 운용하면서 있었던 에피소드나 기억에 남는 추억이 있다면 나눠주시기 바랍니다.**

• **이상현 원사:** 2002년 태풍 루사가 강릉 기지를 덮쳐 많은 항공기에 피해를 주어 이를 복구했던 일이 가장 기억에 남습니다. 침수된 항공기들의 파트를 장탈-정비창 세척 및 복구-재장착-시험비행하는 과정을 거치면서 말할 수 없이 많은 분들의 수고가 있었습니다. F-5처럼 비교적 구조가 단순하고 기계적인 항공기가 아니었더라면 복구가 불가능하지 않았나 하는 생각이 듭니다. 당시 큰 위기였는데 이를 잘 마무리하시고 다독여주신 이영종 단장님의 리더십이 기억에 남습니다. 또 하나는 후배 정비사들이 배울 것이 많고 믿을 수 있는 선배라고 해 주었을 때 뿌듯했던 기억이 있습니다.

• **박근우 하사:** '퀵턴 이글루(Quick-turn Igloo)'라는 시설에서 신속한 재출격을 위해 엔진 시동을 켠 채로 긴급 무장 장착을 실시했던 일이 가장 기억에 남습니다. F-5가 긴급출동 뿐 아니라 재출격의 가동율 또한 높고 취급이 용이하다는 점을 체험할 수 있었습니다.

**Q 대한민국 공군 역사에 있어서 F-5 계열의 의의는 무엇 일까요? 그리고 미래 'Post F-5 시대'(KF-X로 대체 예정)에 대한 소견을 부탁드립니다.**

• **이상현 원사:** 그 생명을 다하는 날까지 우리 공군의 허리가 되어 주었다고 생각합니다. 또한 F-4와 함께 자주국방의 기틀을 세웠고 F-15K나 F-35A와 같은 신예기 도입과 운용을 위한 기반이 되어 주었습니다. 개인적으로 지금까지 10대 이상 정비기장의 역할을 수행해 왔습니다. 새벽 5시 30분에 출근해 저녁 11시에 퇴근하기 일쑤였고 비상 상황이나 가동율을 높여야 할 경우에는 새벽 2시까지 작업하다가 퇴근해서 같은 날 새벽 6시에 출근하던 날도 많았습니다. F-5 항공기와 붙어 살았다 해도 과언이 아닙니다. 지금까지 3대를 제 손으로 도태시켰습니다. 떠나 보내며 항공기에게 "오랫동안 수고했다"라고 말해 줍니다. 그럴 때마다 자식을 내어주는 느낌이 들어 서운합니다. 저와 연배가 비슷한 74년생 기체들은 이제 다 보내고 75년생들을 관리하고 있습니다. 그렇게 장기운용항공기이지만 적기에 TCTO 업그레이드를 통해 정비에 큰 문제는 없습니다. 오래 운용하며 노하우가 쌓이다 보니 이제는 항공기 개조 개량에 우리 공군이 자체적으로 그리고 주도적으로 끌고 나가는 것에 대해 자랑스럽게 생각합니다. 레이다 출력 향상 등의 업그레이드도 하고 RWR과 사출좌석 교체를 통해 항공기 성능과 안전성을 향상시켜 왔습니다. 전 기체 사출좌석을 교체하면서 그 레일까지 교체한 일은 기억에 남습니다. 앞으로 KF-X로 교체되기 전까지 최대한 안전하게 항공기를 유지 관리하는 것이 저희의 사명입니다. 조기경보 체계가 발전하면서 긴급출격 수요도 감소했습니다. 따라서 가동율에 초점을 맞추기 보다는 정확한 정비에 더 무게를 두고 있습니다. 그리고 반갑게 새로운 친구를 맞을 생각입니다.

• **박근우 하사:** KF-X에 대한 기대가 큽니다. 새로운 무기체계과 무장운용체계에 대해 배우고 싶습니다. KF-X가 적기에 전력화되기를 고대하지만 설사 다소 지연되더라도 공백이 생기지 않도록 마지막 날까지 F-5E/F 운용과 지원에 혼신을 다해 전력하는 것이 우리의 사명이라고 생각합니다.

F-5E의 구형 사출좌석을 제거하고 신형 US16T '제로-제로' 사출좌석을 레일에 맞추어 장착 중인 모습

# ROKAF F-5E/F Walkaround

walkaround 사진 : 이원익

## F-5E/F 기체 배열

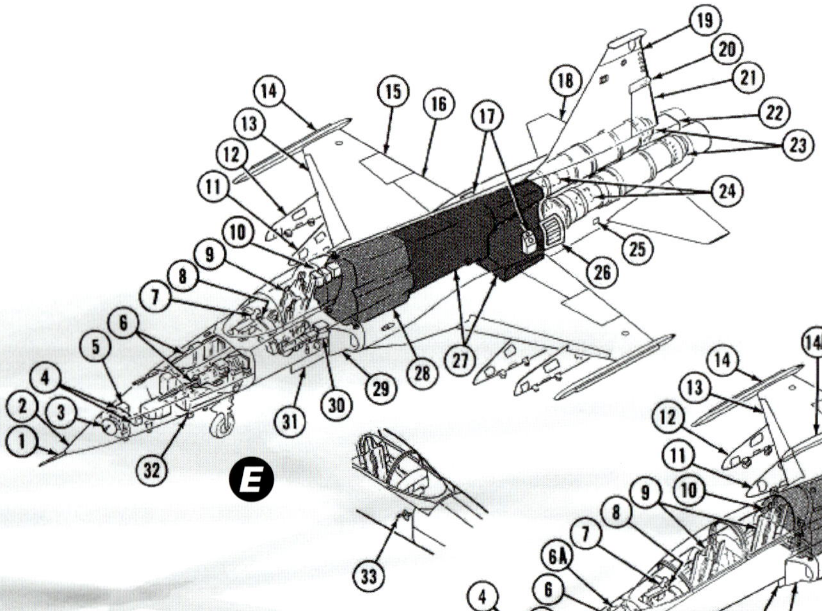

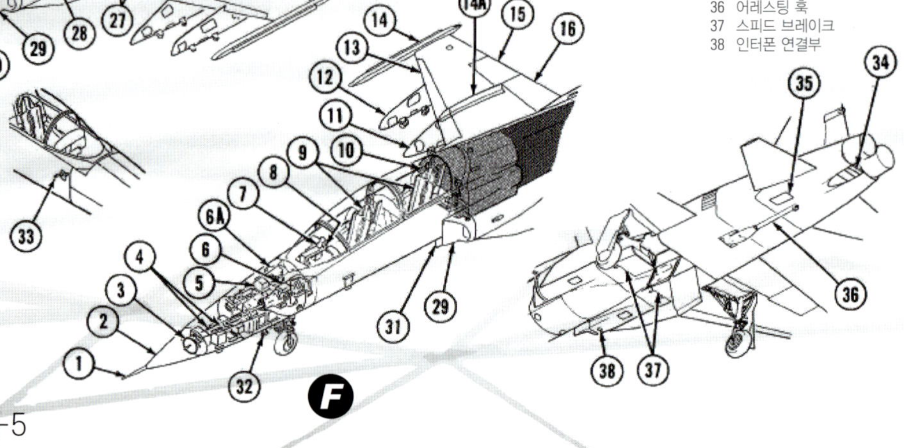

1 피토튜브
2 레이돔
3 레이다 안테나
4 항전장비 수납부
5 배터리
6 기총(F형은 좌측만 장비)
6A 액체산소 컨버터(F 형)
7 광학 조준 사이트
8 사이트 카메라
9 사출좌석
10 전기장치 수납부
11 안쪽 파일런
12 바깥쪽 파일런
13 앞전 플랩
14 런처 레일
14A 윙펜스(F형)
15 에일러론
16 뒷전 플랩
17 유압저장소
18 수평미익
19 수직미익
20 연료 배출구
21 러더
22 드래그슈트 수납부
23 엔진
24 엔진오일 저장소
25 외부 전기 연결부
26 엔진 보조 공기흡입구 도어(양면)
27 우측 연료(후방) 셀
28 좌측 연료(전방) 셀
29 엔진 공기흡입구 덕트(양면)
30 액체산소 컨버터(E형)
31 센터 파일런
32 온도 프로브
33 AOA 베인 트랜스미터
34 외부 테일 발라스트(4피스, F형)
35 엔진 시동 에어인렛
36 어레스팅 훅
37 스피드 브레이크
38 인터폰 연결부

◀ 비행 전 조종사가 항공기 점검을 하듯 정면 왼쪽으로부터 항공기를 둘러본다. 미국 직도입 F-5E 전투기(제공호 대비 '일반'이라고 불린다)의 기수 모습. F-5E 개량 모델 중 초기형 Code E에 속하는 이 기체에는 원추 모양의 레이돔에 AN/APQ-153 레이다가 탑재돼 있다.

▲ 레이돔 후방의 물방울 모양 구조물은 레이다경보수신기(RWR) 안테나. 그 뒤 번개 표식은 전자장비 수납부임을 의미한다. 아래에는 전술항법장치(TACAN, 짧은 것)와 UHF/IFF 안테나

▲ 노즈 기어는 두랄루민 소재로 다른 미국 기체와는 달리 백색 도장을 하지 않는 은색에 가까운 원색임이 독특하다. 노즈 기어 도어 위의 구조물은 RWR 안테나. 원형 기체 대비 개량 및 추가된 장비다.

▲ 노즈 기어 수납부 디테일에 주의. Gear Door Retraction Linkage 구조가 잘 드러난다.

## F-5E/F 안테나 위치

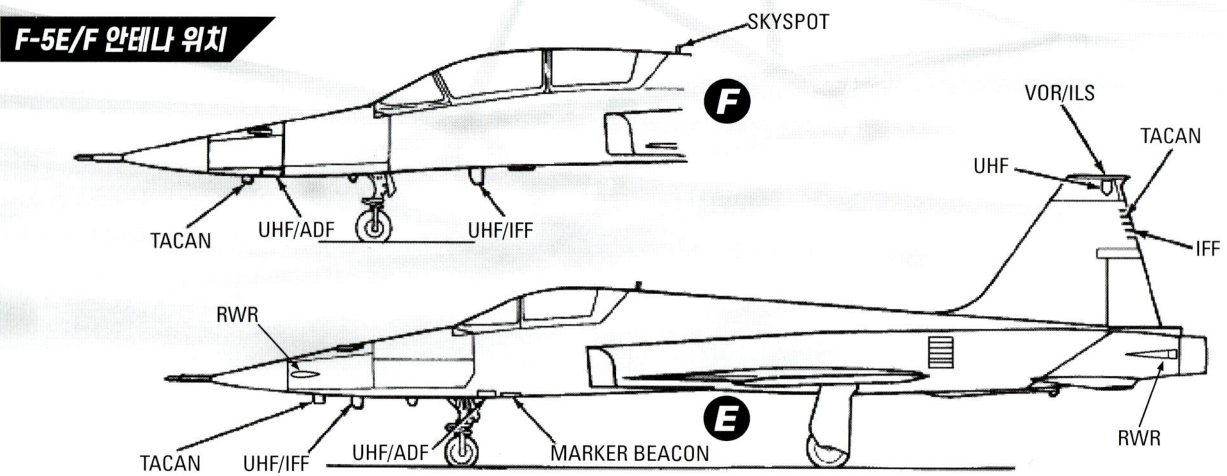

▲ 한국 공군 F-5E/F의 상징과도 같은 쌍두 호랑이와 2013년부터 교체된 신형 사출좌석. 전방의 붉은색 안전캡이 보호하고 있는 부분은 AOA 베인이며, 제공호는 반대편에 위치한다.

▲ 저인시성 국적마크로 2000년대 초반에 재도장됐다. 국적마크 아래는 LEX로 고영각 비행 시 안정성 향상을 위해 설치됐으며, 제공호는 이보다 3% 정도 면적이 크고 후퇴각이 적은 LEX를 가지고 있다.

▲ F-5A 대비 주요 개량 포인트인 앞전 플랩. 뒷전 플랩과 함께 연동돼 AOA와 속도에 따라 변화하는 기동플랩(Maneuver Flap)은 기동성 향상에 기여한다. 플랩은 전기 모터로 구동된다.

▲ AIM-9P4 훈련탄으로 파란색 띠로서 실탄과 구분된다. AIM-9P4는 AIM-9L과 동일한 시커를 채택해 제한적인 전(全)방향 공격능력을 가지며, 기존 구형 AIM-9P3을 보완하며 F-5E/F의 주력 공대공 미사일로 사용되고 있다. 흑철색 헤드가 주요 구분 포인트

▲ AIM-9P4와 미사일 런처와의 결합 부분에 주의

▲ 내측 파일런에 장착된 150갤런 탱크. 한글로 쓰인 기재란에 분필로 EMPTY 라고 쓰여 있는 것이 재미있다. 652R/H는 기체번호 652번기의 오른편(Right Hand)라는 의미. 주변에 주기되어 있는 F-4E는 1970~1990년대 F-5E/F와 함께 한국 공군의 Hi-Low-Mix를 상징했던 기체였다.

▲ 센터 파일런, 스피드 브레이크, 랜딩기어 도어로 이어지는 기체 하면 디테일. 자세히 보면 랜딩기어 도어에 채프/플레어 디스펜서 구조물이 보인다.

◀ 한국 공군 F-5E/F의 센터 파일런은 고정형으로 특별한 경우가 있지 않는 한 상시 장착돼 있다. F-5A 대비 기체구조 강화에 따라 중앙동체 스테이션의 탑재량은 2,000파운드에서 3,000파운드로 증대됐다. F-5A 대비 센터 파일런은 좀 더 후방에 위치하는데 275갤런 장착 시 노즈기어와의 간섭을 피하고 외장시 무게중심을 뒤로 옮겨 이륙거리를 단축시키기 위함이다.

▲ 랜딩기어 구조물 디테일. 자체중량 및 무장 능력 증가로 F-5E의 랜딩기어는 F-5A 대비 대형화되고 구조적으로 강화됐다.

▲ 랜딩기어 도어 후방 하단의 힌지형 플랩에 주의

▲ 스피드 브레이크의 내부 가동부 디테일. 센터 파일런 장착물과의 간섭을 피하기 위해 상단 각이 절단되어 있음에 주의

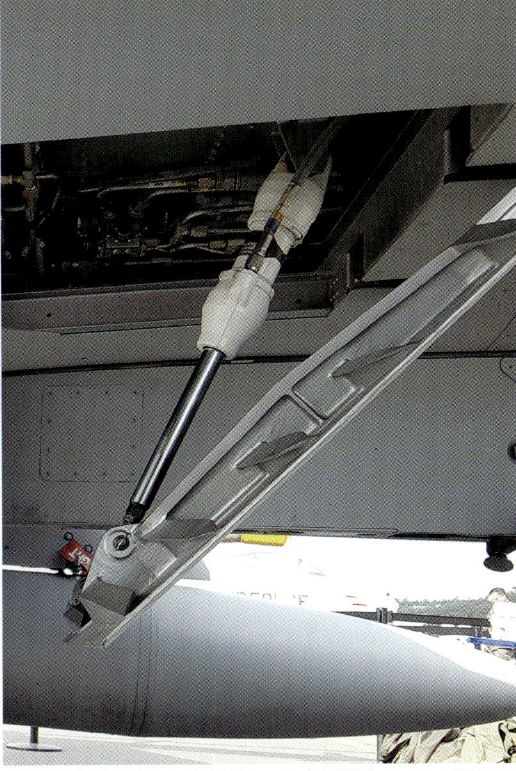

▲ 경량 전투기로서 특유의 작고 좁은 동체에 스피드 브레이크와 랜딩기어 도어 등이 조밀하게 자리 잡고 있음을 알 수 있다. 랜딩기어 도어의 반원형 수납 홈은 제공호의 경우 부채꼴 모양으로 커지는데, 이는 강화형 타이어를 수납하기 위함이다.

◀ 랜딩기어 격납부 내부 디테일. 얇은 익단면적 때문에 타이어는 동체 하단에 수납되며 이를 위해 저익 구조이지만 날개가 동체 바닥에서 다소 올라온 위치에 접하고 있음을 알 수 있다.

▲ 주익 후부에 위치한 두 매의 뒷전플랩(Trailing Edge Flap). 앞전플랩(Leading Edge Flap)과 연동돼 AOA와 속도에 따라 형태를 달리하는 기동 플랩(Maneuver Flap)으로 기동성 향상에 기여한다. Code E3 및 F2의 후기형 기체인 제공호는 오토플랩(Auto Flap) 기능으로 자동화 옵션이 추가되었다.

◀ 보조공기흡입구(Auxiliary Air Intake)로 엔진 시동 시와 이착륙 시 자동으로 열려 엔진의 공기흡입량을 조절하는 역할을 한다. F-5A 대비 주요 개량 포인트로 엔진 추력이 강화되면서 설치됐다.
우측의 둥근 창은 유압저장소 확인창(Reservoir Sight Glass)으로 육안으로 유압 상황을 확인할 수 있다(창 우측 하단의 Refill 표시까지 내려올 때 보충). 유압저장소는 항공기 좌우측에 위치하는데 사진의 우측 저장소는 비행제어(에일러론, 수평미익, 우측 러더)를, 좌측 저장소는 비행제어와 유틸러티(랜딩기어, 스피드 브레이크, 노즈 하이크, 노즈휠 조향장치)를 담당한다.
보조공기흡입구 좌측 작은 도어는 외부 전기 커넥터. 하단에는 어레스팅 훅 주의 문구가 위치

▲ F-5E 기체 후방 하단의 어레스팅 훅은 T-38과 F-5A에는 없었던 것으로 월남전에서 F-5A 운용 교훈과 기체 중량 증대로 신설됐다. 어레스팅 훅 좌우 노란 돌출 파이프는 잔여 연료 배출구

▲ 어레스팅 훅의 가동 부위 디테일에 주의

▲ 기체 하면에 장착된 AN/ALE-40 체프/플레어 디스펜서. 105대대 자산임을 표시하고 있다. 디스펜서 페어링 일부가 랜딩기어 도어에 부착되어 있음에 주의

▲ F-5 시리즈 특유의 사다리꼴 수직미익. 사진과 같이 F-5E 일반에는 제공호와는 달리 수직미익 최상단에 T자 형상의 ILS 안테나가 없어 제공호와 다른 식별 포인트. 수직미익 전방 검정색 부분은 UHF 에어리얼, 후방 상단의 직선형 돌기물들은 TACAN/IFF 밴드이며, 러더 상단 돌기물들은 각각 연료배출구과 VHF 안테나. 러더 위 허니컴 표시 마크에 주의

▲ J85-GE-21 엔진 테일 파이프로 티타늄 합금 구조물. F-5E 엔진은 밀리터리 추력 1,588kg, 애프터버너 추력 2,268kg을 내며 F-5A의 J85-GE-13 대비 23% 정도 추력이 향상됐다. 다른 기종들과는 다르게 가변 노즐 부분이 테일 파이프 내부에 들어가 있는 것이 F-5만의 특징. 엔진 노즐 상단에는 드래그슈트 수납부가 위치하고 있다.

▲ J85-GE-21 엔진 내부 디테일. 에프터버너 화염 홀더가 보인다. 동 엔진의 추력중량비는 7.5:1로 F-5A의 J85-GE-13의 6.8:1에 비해 향상됐는데, 추력 증대를 위해 기존 8개 컴프레서 스테이지 전방에 1개의 스테이지를 추가하면서 엔진 전장은 7인치 정도 연장됐다.

▲ 기체 후방 하단에 위치한 4개의 파이프들은 엔진 내부 펌프의 잔여 연료 배출구. 주변의 두 개 점검창을 통해 엔진 연료펌프에 접근할 수 있다.

◀ 스피드 브레이크의 후면 디테일. 마그네슘 소재로 만들어져 있으며 단일 액추에이터 로드로 작동한다.

▼ 엔진 테일 파이프 위에 장착된 RWR 안테나. 한국 공군 F-5E/F 전 기체에 표준으로 장비돼 있다. 테일 파이프 표면의 수많은 리벳 처리에 주의

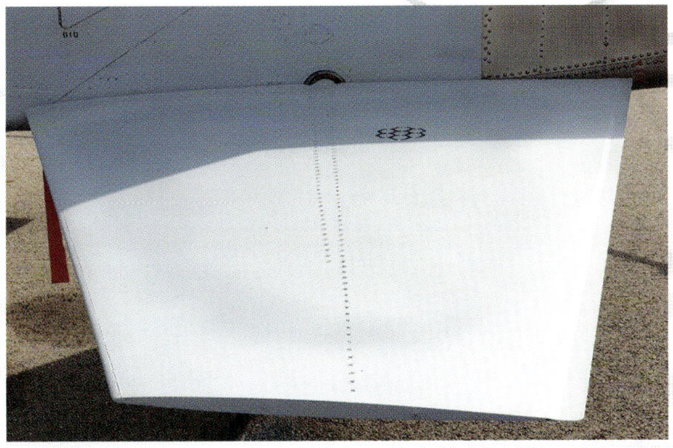

▲ 전익(All-Flying) 구조의 수평 미익과 동체 연결/가동 부위

▲ 보조공기흡입구 도어가 열린 상태로 엔진 시동과 이륙 시 또는 저속에서 엔진 흡입량을 조절하기 위해 사용된다. 촘촘한 알루미늄 리벳 구조가 돋보이는 사진

▲ 둥근 창은 좌측 유압저장소 확인창(Reservoir Sight Glass) – 116페이지 상단 참조. 후방 플랩의 허니컴 구조 마크에 주의

▲ AN/ALE-40 채프플레어 디스펜서는 한국 공군 F-5E/F 계열에 표준으로 장착돼 있으며 일반적으로 채프 30발, 플레어 15발을 장비한다. 센터 파일런 150갤런 탱크 장착시에는 간섭 문제 때문에 플레어 투발에 제한이 있다. 사진은 파란색으로 도장된 더미 매거진

▲ 익단 공대공 미사일 파일런과 주익 하단 내외부 파일런 장착 스테이션의 디테일에 주의. F-5A에 사용되던 익단 연료탱크는 동체 연료탑재량 증가로 폐지되고 공대공 미사일 전용으로만 사용되며, F-5A 대비 주익 내부 파일런의 탑재 중량은 1,000lbs에서 2,000lbs로, 주익 외부 파일런이 750lbs에서 1,000lbs로 증가했다. 익단 파일런 후방과 주익 하단에 적색 항법등이 설치돼 있다. 반대편은 다른 항공기들과 마찬가지로 파란색

▲ 주익 상단의 Walkway 라인. 정비 등 필요 시 인원이 올라갈 때 지정된 검정색 라인 위로만 걷도록 되어 있다. 반대의 구역은 No Step 마크 표시

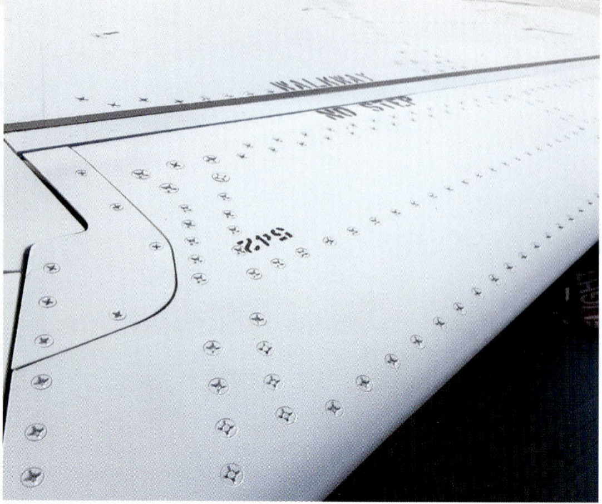


▲ 앞전 플랩 디테일 – 조밀한 알루미늄 리벳 조립 구조가 잘 드러나는 사진. 비행 중 주요 가동 부위로 No Step 구역으로 표기돼 있다. 542는 해당 기체 구역번호로 정비 시 신속하고 정확한 위치 파악과 소통을 위해 기체 곳곳에 표기돼 있다.

▲ 익단 파일런의 AIM-9P4 사이드와인더 공대공 미사일 장착 위치에 주의. 일반적으로 빨간 색인 RBF(Remove Before Flight) 안전핀 리본이 주황색인 점이 특이하다.

◀ 좌측 주익 하단에 장착된 150갤런 연료탱크. 파일런의 652L/H는 기체 번호 652용 좌측 전용(Left Hand)임을 표시. 일반적인 방공 임무에는 센터 파일런에 150갤런 장착이 보편적이다.

▲ F-5A 대비 동체 너비가 확장되면서 스피드 브레이크 위치 또한 넓은 폭으로 확장됐으며 275갤런 연료탱크 등의 대형 구조물 장착이 가능해졌다. 또한 사진과 같이 스피드 브레이크 안쪽 하단 끝을 절단해 탑재물과의 클리어런스를 확장했다. 센터 파일런 무장/연료탱크 장착 시 스피드 브레이크는 30도까지 열리고 미장착 시는 45도까지 열리게 된다. 스피드 브레이크와 수평 미익은 연동돼 스피드 브레이크 개폐 시 트림 사용을 최소화 하도록 고안돼 있다.

▲ 엔진 추력 강화에 따라 공기흡입구는 F-5A 대비 재설계 및 대형화됐다. 전방의 분할판(Intake splitter plate)은 전방동체와의 마찰로 인해 속도가 느려진 공기가 공기흡입구 안으로 들어오는 것을 막아주는 역할을 한다. 분할판 위에 뚫린 무수한 구멍들은 속도가 느려진 공기를 빨아들여 최적의 공기만이 흡입될 수 있도록 한다.

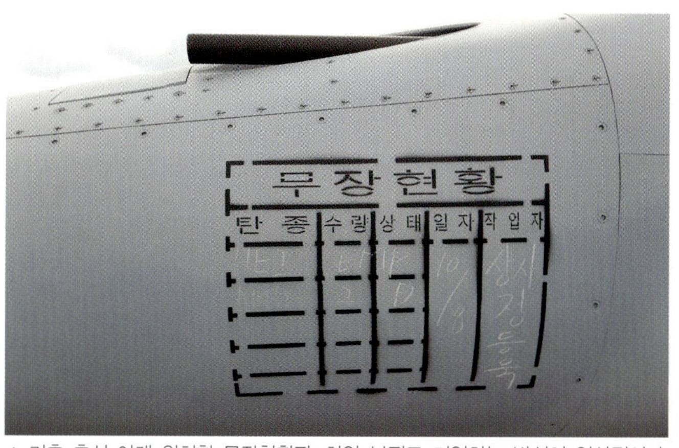


▲ 기총 총신 아래 위치한 무장현황판. 하얀 분필로 기입하는 방식이 인상적이다. 고폭소이탄(High Explosive Incendiary: HEI)을 장비하고, 현재 탄창은 비어 있으며(EMP) AIM-9 Dummy(D) 두 발을 장착하고 있음을 보여 준다.

▲ 외부 캐노피 제어 핸들. 비상 시 외부에서 수동으로 캐노피를 열 수 있다. 캐노피 후방의 노란 띠는 저명도 편대등

◀ M39A2 20mm 기총 총구. 총구 전방 사각형 도어는 가스 배출 도어로 기총 사격 시 열리며 기총 발사 시 발생하는 가스를 배출하도록 한다.

▲ 경량 전투기의 유려한 곡선을 보여주는 F-5E. 언뜻 보면 F-5A와 유사하지만 기수의 RWR, 공기흡입구의 형상, 수직미익의 T자형 안테나 유무 등을 통해 식별할 수 있다. 사실 두 기체의 실루엣과 곡선은 서로 상당히 다르다.

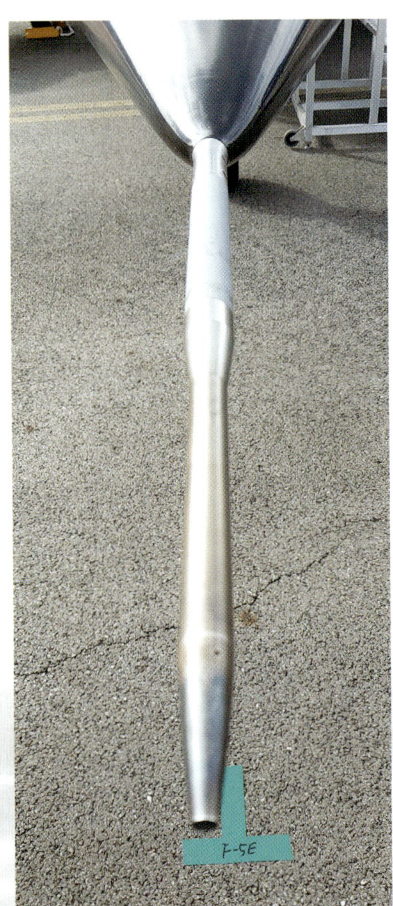


▲ 노즈 피토 튜브는 대형 샤크노즈 레이돔을 장비하는 F-20 후기개발형을 제외하고는 F-5 시리즈의 단좌기에 공통으로 적용된다. T-38과 F-5B는 노즈 끝이 아닌 상단에 걸쳐있는 독특한 구조를 가진다. F-5E/F 후기형 샤크노즈의 피토 튜브는 사진의 일반형보다 5인치 정도 더 짧다.

▲ F-5E 일반형의 기수 하면 디테일을 잘 보여주는 사진. 레이돔 뒤의 대칭형 RWR 안테나, 상단부터 TACAN, UHF, 좌측 하방의 IFF 안테나가 자리 잡고 있다. 우측 하방 돌기물은 온도 감지 튜브

▲ 조종석 하방 동체 디테일. 상단의 두 개의 대칭형 구멍은 기총 탄피 배출구. 공기흡입구 분할판과 동체 이음 부위에도 공기 흡입구가 있음을 알 수 있다. 공기 흡입구 주변의 동체등(Fuselage light)에 주의. 좌측 하단 LEX 안쪽 동체 쪽의 원형 패널은 택시/착륙등으로 이착륙시 하단으로 열린다.

◀ 조종석에서 내려다 본 좌측 주익. LEX의 모양과 이단 각도를 볼 수 있다. F-5E의 LEX는 F-5A 대비 2.75배 확장됐으며, 고영각(High AOA) 시 기체 안전성을 높이고 이착륙 성능을 향상시키는 역할을 한다. F-5E 후기형인 제공호의 LEX는 일반형보다 더 낮은 후퇴각을 가지며 면적이 더욱 증가했다.

▲ 동체 상단의 연료탱크 주유구. 비상시를 제외하고는 거의 사용하지 않는다.

▲ '코카콜라' 병을 연상시키는 중앙동체. 면적법칙(Area Rule)을 적용한 설계의 대표적인 예로 꼽힌다. 추력이 강화된 F-20에서는 직선형 동체를 채택하는 대신 동체 부피를 늘려 연료 및 전자장비 탑재 능력을 높였다. 캐노피 후방 검정색 돌기물은 SST-181 레이다 트랜스폰더 안테나로 X밴드 지상 레이다에 대한 감응력을 높이는 역할을 한다.

▲ 캐노피 레벨에서 바라본 좌측 익단. F-5의 후방 시계가 상당히 제한적임을 알 수 있다. 구형 사출좌석을 대체한 신형 '제로-제로' 사출좌석의 헤드 레스트 디테일에 주의. 사출좌석의 형상이 F-20의 느낌이 난다.

▲ F-5E 광학사이트. 일견 HUD(Head-up Display)와 유사해 보이지만 HUD와 달리 ASG-29/31 LCOSS(Lead Computing Optical Sight System) 및 레이다와 연동돼 기본적인 공대공 및 공대지 사격 정보 등의 제한적인 정보만 제공한다.

▲ 조종석에서 기총 총신이 보이는 기종은 F-5가 유일할 것이다. 기총 사격 시 발사 화염과 가스를 볼 수 있다. 발사 시 기총 총구 하단의 가스 방출 도어가 열리면서 가스가 배출된다. 기총 수납 덮개의 디테일에 주의

## F-5E/F 조명 장치

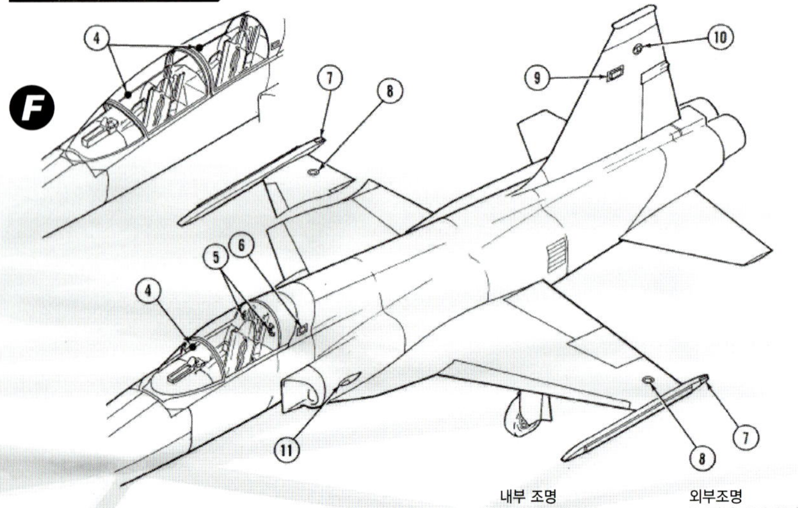

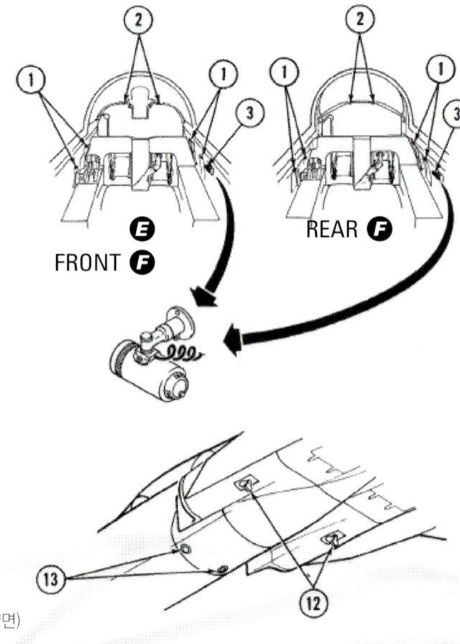

FRONT F

REAR F

**내부 조명**

1 투광조명 콘솔
2 계기판 투광조명
3 유틸리티 조명
4 유틸리티 조명(대체 위치)
5 Thunderstorm Light(E형)

**외부조명**

6 저명도 편대등(양면)
7 편대등
8 보조 위치등(상하단)
9 회전형 항법등(양면)
10 수직미익 위치등
11 기본 위치등
12 착륙-택시등
13 동체등

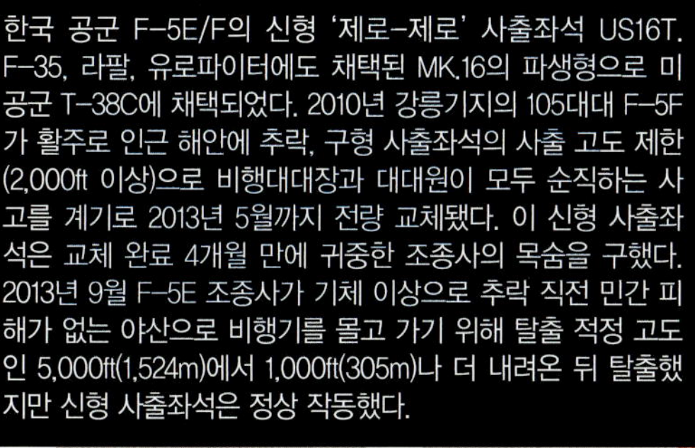

한국 공군 F-5E/F의 신형 '제로-제로' 사출좌석 US16T. F-35, 라팔, 유로파이터에도 채택된 MK.16의 파생형으로 미 공군 T-38C에 채택되었다. 2010년 강릉기지의 105대대 F-5F가 활주로 인근 해안에 추락, 구형 사출좌석의 사출 고도 제한(2,000ft 이상)으로 비행대대장과 대대원이 모두 순직하는 사고를 계기로 2013년 5월까지 전량 교체됐다. 이 신형 사출좌석은 교체 완료 4개월 만에 귀중한 조종사의 목숨을 구했다. 2013년 9월 F-5E 조종사가 기체 이상으로 추락 직전 민간 피해가 없는 야산으로 비행기를 몰고 가기 위해 탈출 적정 고도인 5,000ft(1,524m)에서 1,000ft(305m)나 더 내려온 뒤 탈출했지만 신형 사출좌석은 정상 작동했다.

▲ F-5E의 캐노피는 사출좌석 레일에 연결돼 있는 독특한 구조를 가지고 있다. 캐노피 프레임 상단 두 개의 대칭형 전등은 F-5E에만 적용된 Thunderstorm Light로 공중에서 갑작스런 번개로 인한 일시적인 시각장애 시 백색 라이팅(White illumination)을 점등해 계기 시야 확보를 돕는 역할을 한다.

▲ US16T 사출좌석 디테일 사진. 중앙의 사출좌석 핸들과 우측의 산소마스크 호스 커넥터가 보인다. 사출좌석에 부착된 안전핀의 위치와 디테일에 주의

▲ 캐노피 프레임이 없는 F-5 계열의 전방 시계는 양호한 편으로 조종사들에게 호평을 받아 왔다. 광학조준기 하단에는 KB-26A 사이트 카메라. 공대공 및 공대지 사격 시 광학사이트 시야와 목표물을 촬영하며 조종간의 트리거 또는 무장 발사 버튼을 누르면 작동하며 풀면 정지한다. 시간 세팅을 통해 사격 후에도 촬영이 가능하며 0, 3, 10, 20초의 시간 선택이 가능하다. 16mm, 65ft 용량 필름으로 흑백과 칼라 공히 촬영 가능하며 공대공은 초당 24/48 프레임, 공대지는 초당 48프레임의 속도로 촬영이 가능하다. 광학 사이트 바로 뒤 막대형 구조물은 본체 촬영부이고 우측 둥근 돌기물은 촬영시간 조정 셀렉터

▲ F-5E 일반 항공기(전기형 Code E)의 조종석. 동시대 전투기들에 비해 정갈하고 시원한 계기 배치가 특징이며 간단한 구조와 시스템으로 적응과 조종이 용이하다고 한다. 정중앙은 AN/APQ-153 레이다 화면이며 우측에는 RWR 표시 화면이 자리 잡고 있다. 전반적으로 좌측 계기판은 비행과 무장, 우측은 연료와 엔진 계통, 중앙 하단은 통신/항법을 담당하고 있다고 볼 수 있다.

◀ 광학조준기 하단은 AN/ASG-29/31 LCOSS(Lead Computing Optical Sight System) 컨트롤러로 AIM-9 사격 및 기총의 공대공/공대지 사격, 공대지 폭탄 및 로켓탄 사격 지원 장비이다. LCOSS는 GLC(Gyro Lead Computer) 및 ODU(Optical Display Unit)로 구성돼 있으며 AIM-9 미사일의 발사영역을 계산해 레이다 스크린 및 광학 조준기의 레티클에 표시하고, 공대공 기총 사격 시 선도 조준점을 표시한다. 3개의 둥근 납(knob) 중 좌측은 모드 셀렉터로 MSL(미사일 모드: 레티클 피퍼를 무장참조선에 일치), A/A1(기동 타깃 기총), A/A2(비기동 타깃 기총), MAN(수동통제) 등의 모드를 선택할 수 있다. 중앙은 레티클 명암 조절, 우측은 수동통제 모드 시 Reticle Depression Knob. 공대공 사격 시 AN/ASG-29는 AN/APQ-153/159 레이다와 연동돼 작동하지만 단독 사용시 사거리 표시 막대, 사거리 참조점, 적정 사거리, 최소 사거리, g보정 마커 등이 레티클에 표시되지 않는다. 이 경우 타깃과의 거리는 식별 타깃의 크기와 레티클 지름을 대조해 가늠하게 된다. 한글판 RBF(Remove Before Flight: 비행 전 제거) 안전핀이 특이하다.

◀ F-5E 조종석 좌측 콘솔로 쌍발 엔진 스로틀이 자리 잡고 있다. 오른쪽 스로틀 하단에는 FTS(Flap Thumb Switch)이 있어 Up, Fixed, Auto 세 가지 하위 모드 선택이 가능하며, 좌측 스로틀 옆으로는 Flap Lever가 자리 잡고 있어 EMER UP(FTS 중지, 플랩 접음) THUMB SW(FTS 작동), FULL(FTS 중지, 플랩 만개)의 세 가지 상위 모드를 선택할 수 있다. 스로틀 후방에는 검정색의 레이다 컨트롤 콘솔이 있으며 그 위에 위치한 붉은 버튼은 ACQ 스위치로 레이다 락온 및 해제를 작동하는데 최신 기종과 달리 스로틀 위에 위치하지 않고 분리돼 있어 기재취급 효율성이 다소 떨어진다고 볼 수 있다. 좌측 안쪽 최전방에 위치한 스위치는 NSE(Nose Strut Extend, 전방)로 스위치를 전방에 놓으면 'Nose Hike'라고 하여 노즈 랜딩기어 축이 13인치(33cm) 정도 연장되고 결과적으로 AOA가 3도 높아지며 이륙 성능을 향상시킨다(F-5A 대비 이륙거리 약 30% 감소).

▲ AN/APQ-153 레이다 스크린. AN/ASG-29 LCOSS와 연동해 무장 발사 정보를 시현하며 MSL(미사일), DM(Dogfight Missile), DG(Dogfight Guns), A/A1 GUNS(기동 타깃 기총), A/A2 GUNS(비기동 타깃 기총) 등 5가지 모드를 지원한다. 레이다 계기 위에 표기된 것처럼 탐지거리가 20nm 정도로 조종사들 간 농담으로 'Eye-Dar'라고 불린다. 육안 색적과 큰 차이가 없거나, 육안 색적과 레이다 사용을 병행해야 한다는 뜻

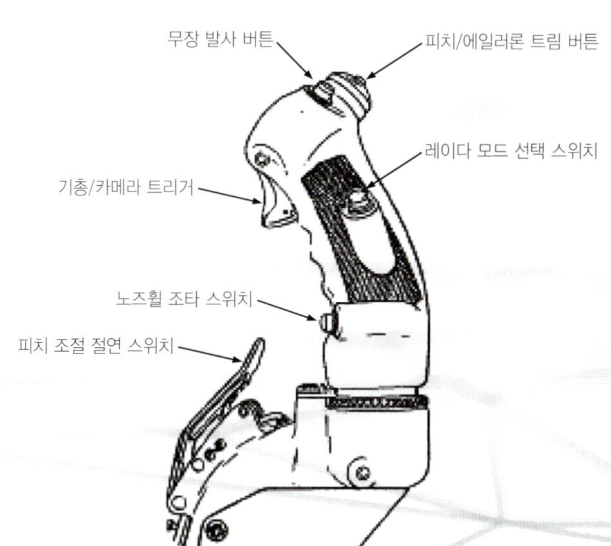


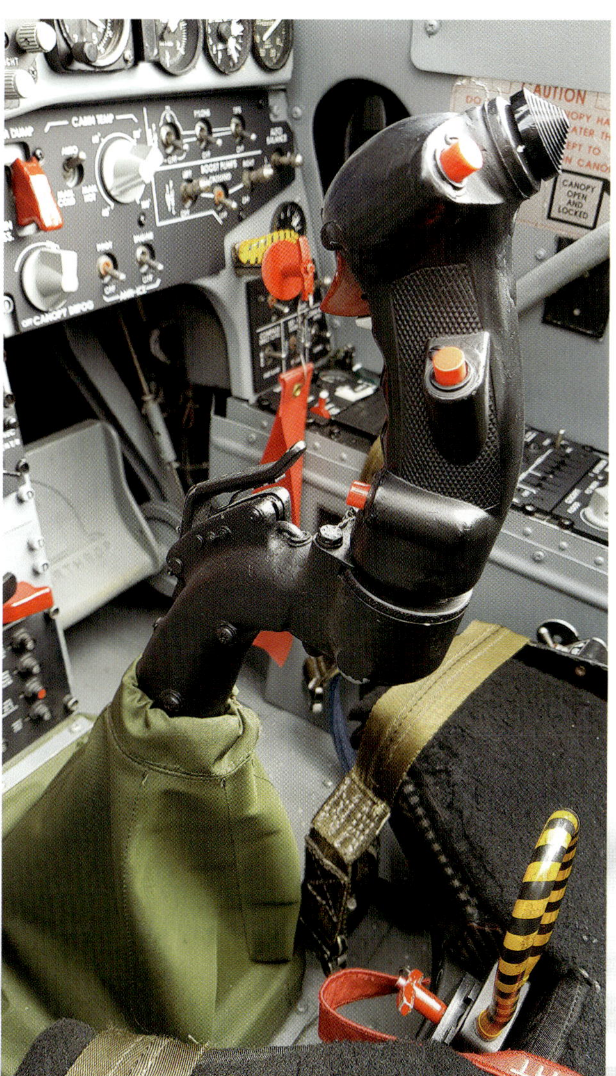


▲ F-5E의 조종간으로 대부분의 2세대 미국산 전투기들과 공통 장비. 유압식 조종 계통으로 조종간의 가동 유격이 넓은 편이다. F-5E/F는 트림(trim) 해치(조종간 최상단 부분) 사용이 많아 "우측 조종장갑 엄지손가락 부분이 많이 닳아 있을수록 고참 조종사"라는 말이 있다.

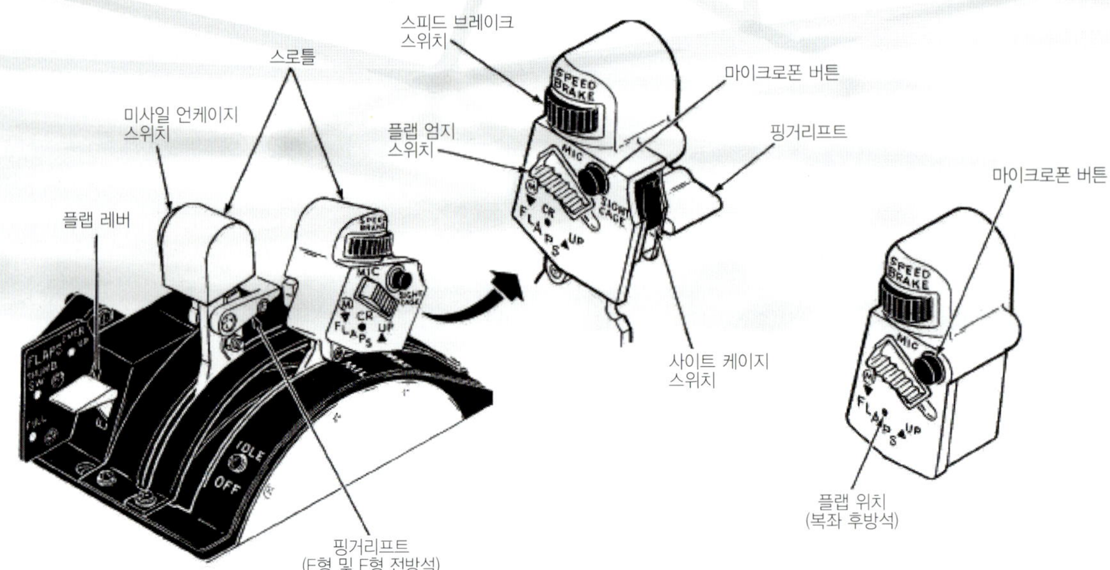


▲ 주익 플랩 장치는 앞전 플랩과 뒷전 플랩으로 구성돼 있으며 이착륙, 순항비행, 공중기동 시에 사용된다. 각각의 플랩은 교류전동기로 전력을 얻는 전기 엑추에이터에 의해 작동한다. 앞전 플랩들과 뒷전 플랩들은 서로 전기적으로 연결돼 있으며, 수평 미익과도 연동돼 플랩 사용 시 트림 사용을 최소화하도록 돼 있다. 플랩은 좌측 그림과 같이 UP, CR(Cruise), M(Maneuver), FULL의 세팅을 가지고 있으며 스로틀의 FTS(Flap Thumb Switch)에 의해 조정된다. F-5E/F 후기형(제공호) 기체들에는 AUTO 모드가 추가돼 AOA 상태와 CADC(Central Air Data Computer)의 시그널 입력에 따라 자동으로 플랩이 작동하도록 돼 있다.

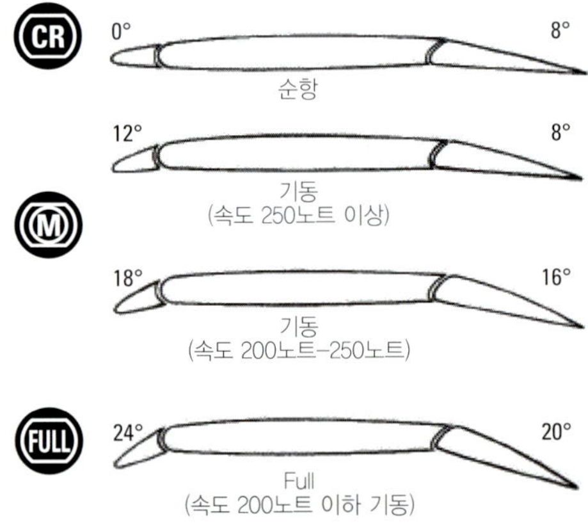

◀ 조종석 좌측 하단부. 제작사인 노스롭의 로고가 새겨진 러더는 F-5 시리즈 공통. RBF 안전핀이 꽂힌 위치는 Jettison Select Switch로 여기서 전체 또는 부분 Jettison을 선택한 후 좌측의 붉은색 Jettison Select Button을 누르면 외장이 분리된다. 그 좌측 옆은 Armament Position Selector로 무장 선택 스위치

▲ 조종석 우측 콘솔. 좌측의 막대기 모양 구조물은 캐노피 개폐 핸들로 조종사가 직접 수동으로 여닫는 방식이다. 우측 상단의 원통형 구조물은 Utility Light, 그 아래 회색 박스는 지도 수납부(Map Case), 그 위의 녹색 호스는 산소마스크 호스 커넥터이다. 안전핀이 꽂혀 있는 부분은 Canopy Jettison Handle

▲ 조종석 우측 콘솔의 라이팅 섹션. 전방부 가장 안쪽의 FLOOD Knob이 캐노피 상단의 Thunderstorm Light 밝기 조절부

참조



◀ 에머슨사의 AN/APQ-153 레이다. I 밴드 제한 전천후 펄스 도플러 레이다로 F-5E의 사격 능력 향상을 위해 개발됐다. 레이다 안테나는 12x16인치(30x41cm) 정도로 작은 패러볼릭 디쉬 형태이며 조종석의 B-Scope 화면에 연결돼 있다(참조). 개량형은 AN/APQ-159 레이다이며 최대 탐지거리가 20마일에서 40마일로 배가됐고 평면위상배열형(Planar Phased Array) 안테나를 장비하고 있다.

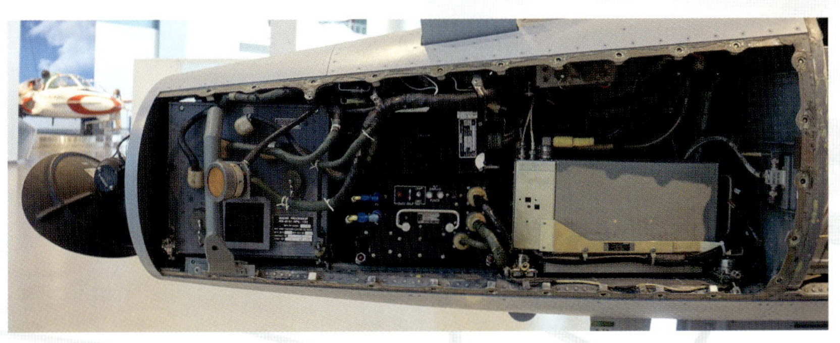

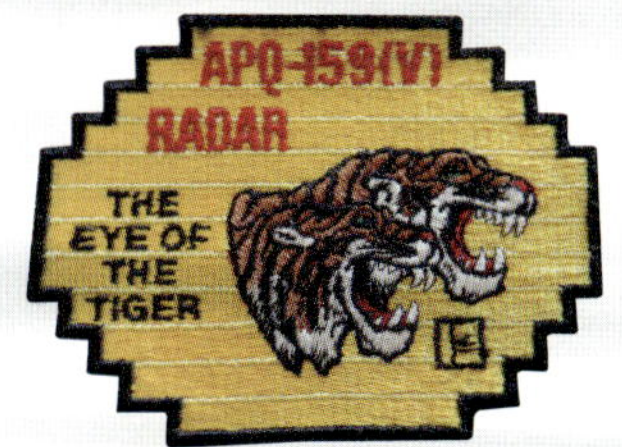


◀ 기수 항전장비 수납부. 전방부터 레이다 모듈 및 RWR 수납부, CADC(Central Air Data Computer), UHF/VHF 라디오 트랜스미터

## 전방 조종석

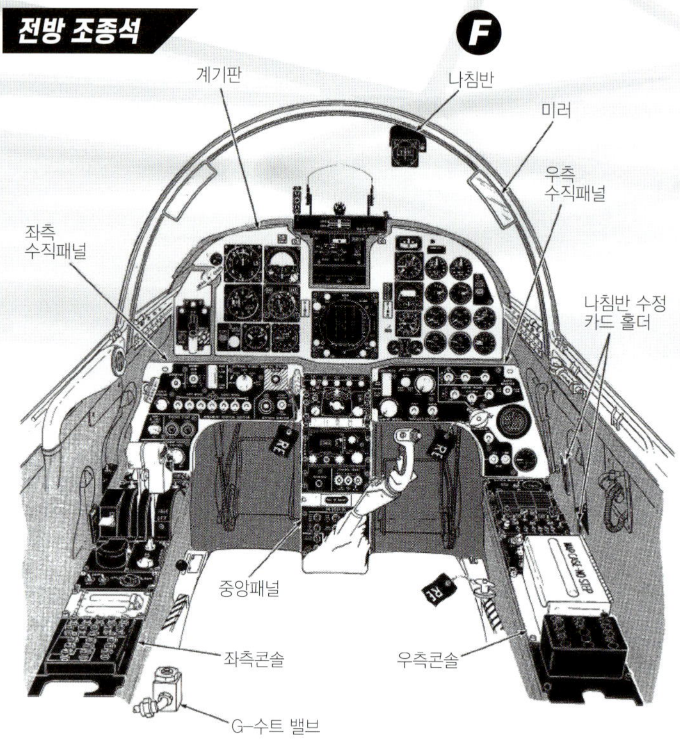


### • 계기판

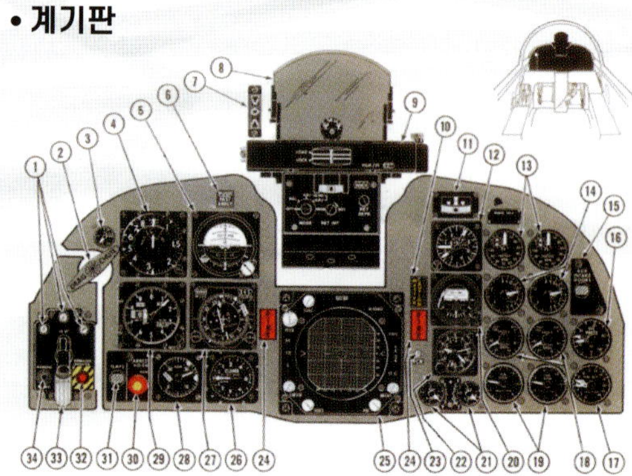

1 랜딩기어 포지션 표시등
2 드래그슈트 핸들
3 피치트림 지시계
4 속도계
5 고도계
6 고도계 패스트 이렉트 스위치
7 AOA 인덱서
8 광학사이트
9 사이트 카메라
10 매스터커션 라이트
11 턴-슬립 지시계
12 가속도계
13 엔진 회전속도계
14 배기가스 온도계
15 보조 공기흡입구 지시계
16 오일 압력계
17 연료량 표시계
18 노즐 포지션 표시계
19 연료유량계
20 예비 고도계
21 유압계
22 시계
23 레이다 조작 표시등
24 화재경고등
25 레이다 화면
26 수직속도계 (VVI)
27 수평자세 지시계
28 AOA 표시계
29 고도계
30 어레스팅훅 버튼
31 플랩 포지션 표시계
32 랜딩기어 잠금 오버라이드 버튼
33 랜딩기어 레버
34 랜딩기어 및 플랩 경고 침묵 버튼

### • 수직패널

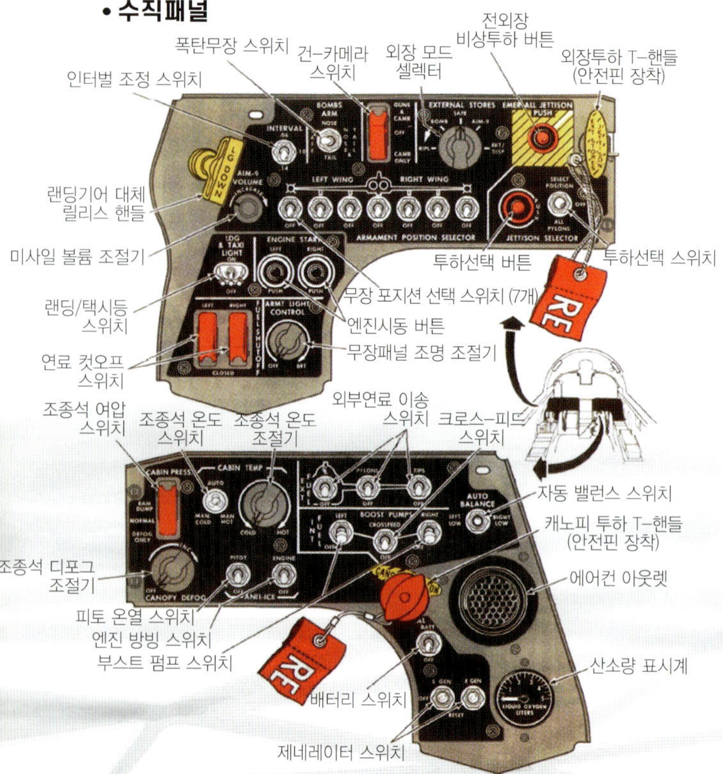


### • 콘솔패널

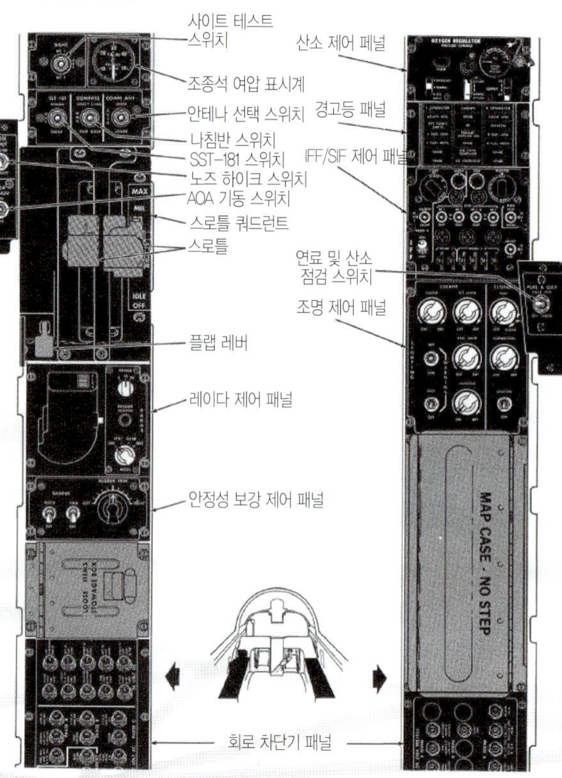

## 후방 조종석

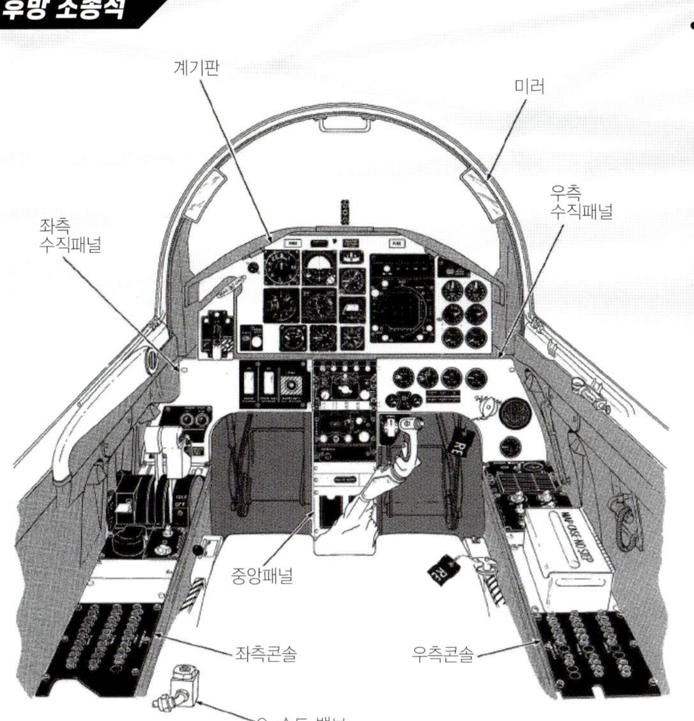


### • 계기판

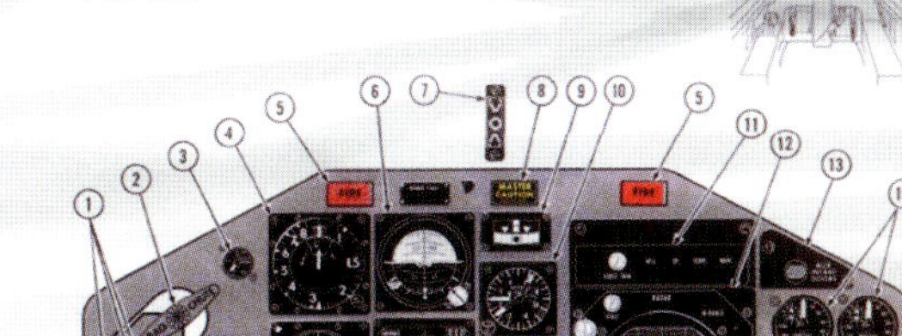

1 랜딩기어 포지션 표시등
2 드래그슈트 핸들
3 피치트림 지시계
4 속도계
5 화재경고등
6 고도계
7 AOA 인덱서
8 매스터커션 라이트
9 턴-슬립 표시계
10 가속도계
11 레이다 비디오 트림/화력통제장치 모드 지시등
12 레이다 화면
13 보조 공기흡입구 지시계
14 엔진 회전속도계
15 배기가스 온도계
16 노즈 포지션 표시계
17 레이다 조작 표시등
18 예비 고도계
19 시계
20 수직속도계 (VVI)
21 수평자세 지시계
22 AOA 표시계
23 고도계
24 어레스팅훅 버튼
25 플랩 포지션 표시계
26 랜딩기어 잠금 오버라이드 버튼
27 랜딩기어 레버
28 랜딩기어 및 플랩 경고 침묵 버튼

### • 수직패널

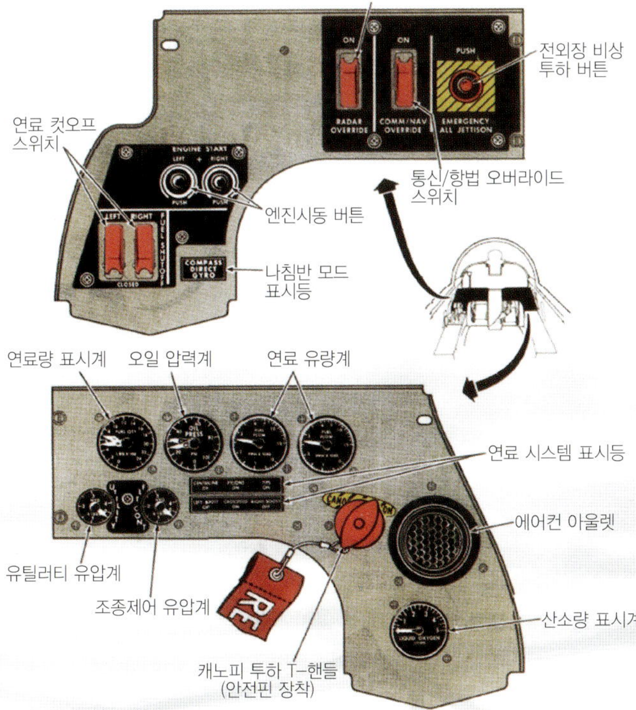


### • 콘솔패널

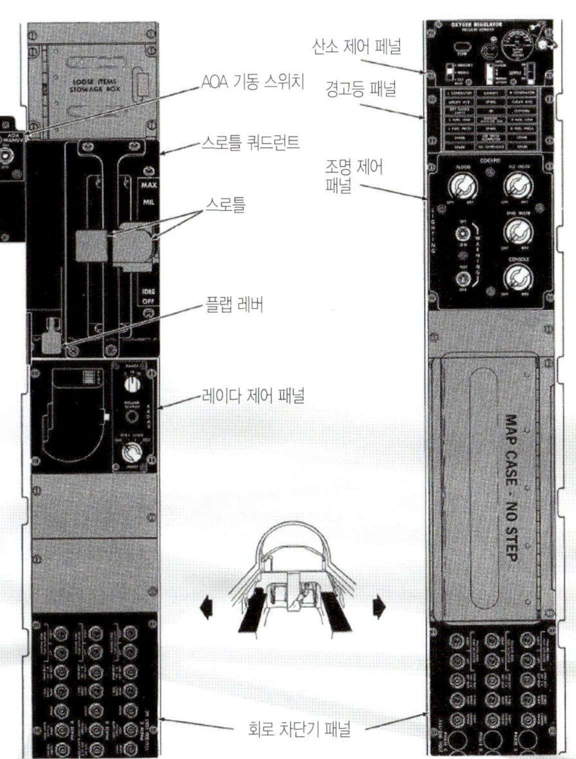

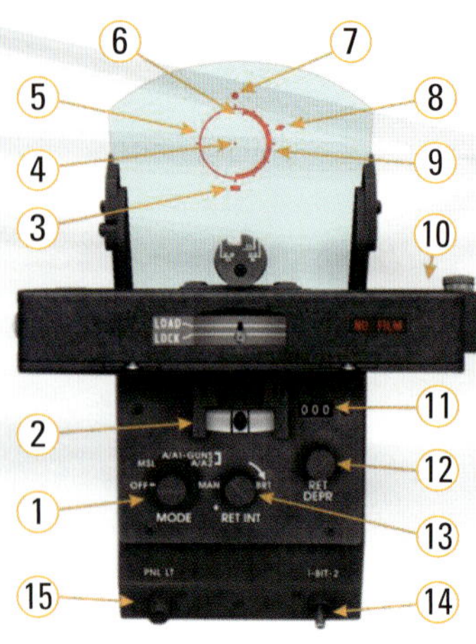

❶ 모드 셀렉터
❷ 슬립 지시계
❸ Excess-g 마커
❹ 피퍼
❺ 레티클
❻ 거리 바
❼ 최소 사거리 마커
❽ 사거리 내 마커
❾ 사거리 인덱스
❿ 사이트 카메라
⓫ 레티클 디프레션 표시창
⓬ 레티클 디프레션 납(knob)
⓭ 레티클 밝기 조절 납(knob)
⓮ 빌트인 테스트 회로 스위치
⓯ 패널 조명 버튼

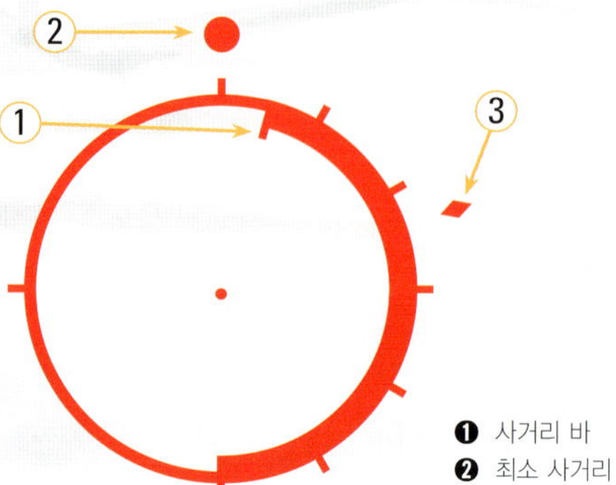

❶ 사거리 바
❷ 최소 사거리 마커
❸ 사거리 내 마커
❹ Excess-g 마커

▲ 광학조준기의 레티클은 피퍼와 써클로 구성돼 있다. 타깃 레이다 락온 후에는 조준 마커가 써클 위에 표시된다. 거리 바는 원내 오른쪽 안쪽에 6시 방향 위치로부터 12시 방향으로 확장되는데 이는 타깃과의 거리에 따라 변화한다. 각각의 거리 표시는 건 모드에서는 1,000ft를 나타내고 미사일 모드에서는 10,000ft를 나타내며 써클의 오른편 바깥쪽에 표시된다. 거리 바의 선도 부분이 6시 방향에 위치하면 타깃과의 거리는 미사일 모드에서 60,000ft, 건 모드에서는 6,000ft에 해당한다. 타깃까지의 거리가 줄어들면 거리 바는 12시 방향으로 이동하며 미사일 발사 영역 안까지 들어오면 사정거리 내 표시 마커가 나타나게 된다. 타깃이 사거리 바깥에 위치할 경우 마커는 사라지게 된다. 목표물과의 거리가 무장 발사의 최소거리나 그 이하일 경우에는 최소 거리 마커가 나타나게 된다.

공대공 전투 시 AN/ASG-31과 AN/APQ-159 레이다는 서로 연동해 작동하게 된다. ASG-31은 CADC(Central Air Data Computer)로부터 고도, 진대기 속도, 마하수, AOA 등의 데이타를 수신해 AN/APQ-153 레이다에 사거리, 최소사거리, Excess G, 주익 공력에 대한 데이타를 제공한다. 동시에 레이다는 두 개의 자이로 장치로부터 롤과 피치 정보를 수신하면서 ASG-31에게 거리, 락온, 재탐색 등에 대한 정보를 제공한다. 이렇게 통합된 정보는 광학 사이트와 레이다 화면에 시현된다.

AN/APQ-159 레이다와 AN/ASG-31 연동을 통해 공대공 전투 시에는 MSL(Missile), DM(Dogfight Missile), DG(Dogfight Guns), A/A1 GUNS(기동 타깃 기총), A/A2 GUNS(비기동 타깃 기총) 등 5가지 모드를 운용한다. 그 중 MSL(Missile) 모드는 AIM-9 공대공 미사일을 발사할 때 타깃에 대한 탐색, 획득, 락온, 추적 능력을 제공한다. 이 모드는 최대 40마일(AN/APQ-159 기준)까지 거리에 사용되며 AN/ASG-31 통제 패널을 통해 선택 가능하다.

## MSL (미사일 모드)

• *탐색*

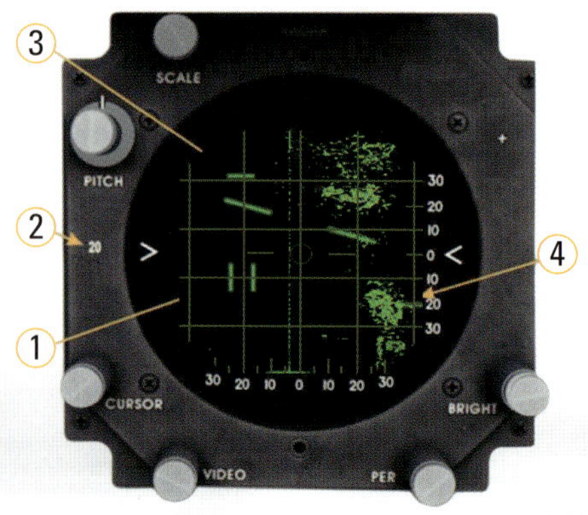

❶ 방위각 바
❷ 20마일 거리
❸ 타깃(20도 좌측 30nm)
❹ 엘리베이션 커서
(무장참조선 20도 아래)

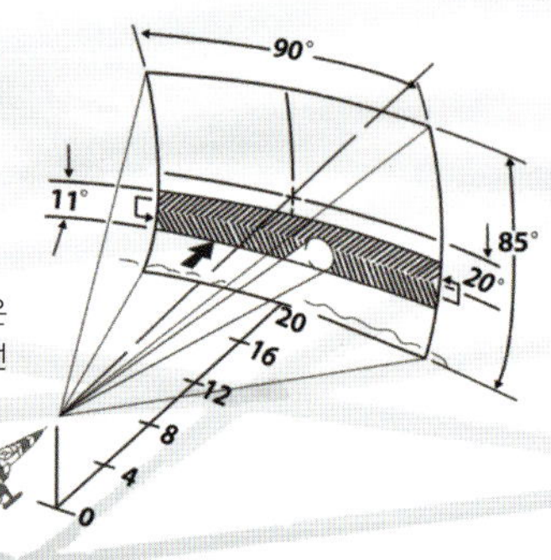

20-10-5 거리. 안테나 스캔은 방위각 90도와 안테나 중앙선 아래위 5.5도를 커버한다.

• *발사*

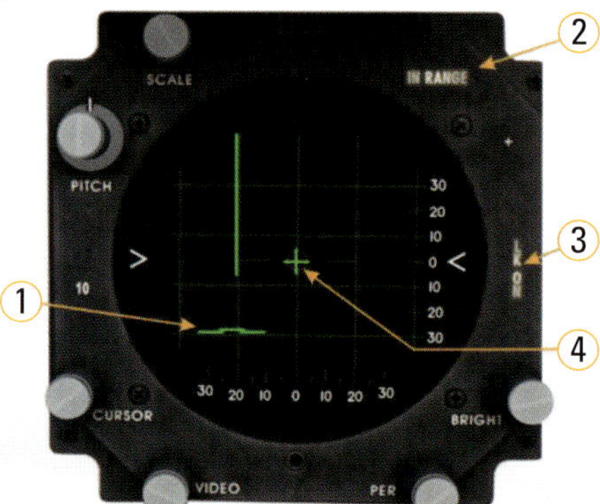

❶ 타깃 2nm 거리 위치
❷ 사거리 내 표시 라이트
❸ 락온 라이트
❹ 조준 심볼
❺ 거리 바(12,000ft)
❻ 사거리 내 마커

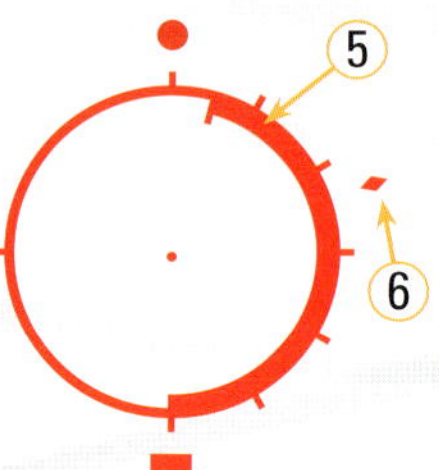

## MSL 모드 (AIM-9 발사 절차)

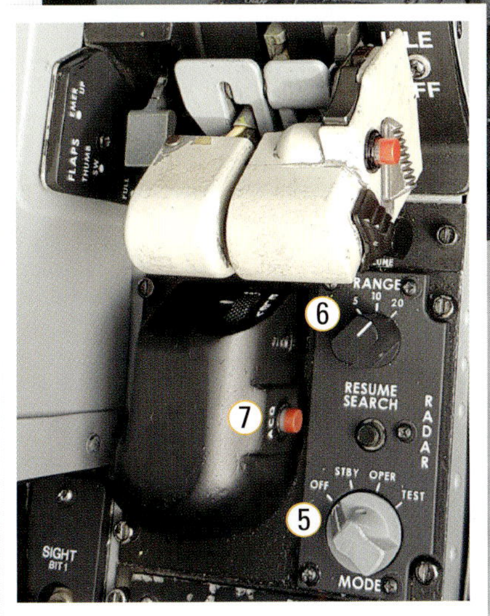

❶ 익단 미사일 토글 스위치 'ON'
❷ 안전 커버 UP – 무장 스위치 'GUNS MSL & CAMR' 선택
❸ 미사일 볼륨 조절
❹ 건사이트 모드 'MSL' 선택
❺ 레이다 모드 'OPER' 선택(레이다 운용)
❻ 레이다 탐색 거리 셀렉터 – 40nm 선택 / 레이다 안테나 수직 각도 조절 (-30도 ~ +30도)
항공기 위치 목표물 대비 중앙 위치 / 목표물 거리 – 레이다 탐색 거리 일치 조작
❼ TDC(Target Designation Caret) + ACQ(Acquisition button): 목표물 Lock-on / 추적 모드
❽ 레이다 모드 셀렉터 – Lock-on 통제 / 모드 선택
미사일 사거리 진입 시 'LK ON' 및 'IN RANGE' 점멸. In-range maker 건사이트 표시
❾ 미사일 발사 버튼 조작 – 발사

## 무장장착

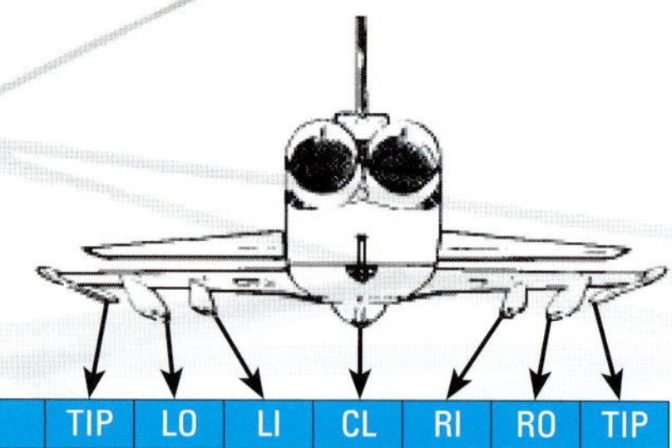

| STORES | STATION REQUIREMENTS | TIP | LO | LI | CL | RI | RO | TIP |
|---|---|---|---|---|---|---|---|---|
| AIM-9B/E/J/N/P SERIES MISSILE | WINGTIP LAUNCHER | ● | | | | | | ● |
| MK-82 GP BOMB | | | ● | ● | ● | ● | ● | |
| MK-82 SNAKEYE 1 BOMB | | | ● | ● | ● | ● | ● | |
| MK-36 DESTRUCTOR | | | ● | ● | ● | ● | ● | |
| MK-83 GP BOMB | | | | ● | ● | ● | | |
| MK-84 GP BOMB | | | | | ● | | | |
| M117 GP BOMB | | | ● | ● | ● | ● | ● | |
| M129E2 LEAFLET BOMB | | | ● | ● | ● | ● | ● | |
| ○ BLU-1/B, B/B, C/B FIRE BOMB | | | ● | Ⓔ | ● | Ⓔ | ● | |
| ○ BLU-27/B, A/B, B/B, C/B FIRE BOMB | | | ● | Ⓔ | ● | Ⓔ | ● | |
| ○ BLU-32A/B, B/B,C/B FIRE BOMB | | | ● | ● | ● | ● | ● | |
| CBU-24B/B CLUSTER BOMB | | | ● | ● | ● | ● | ● | |
| CBU-49B/B CLUSTER BOMB | | | ● | ● | ● | ● | ● | |
| CBU-52B/B CLUSTER BOMB | | | ● | ● | ● | ● | ● | |
| CBU-58/B, -58A/B CLUSTER BOMB | | | ● | ● | ● | ● | ● | |
| CBU-71/B, -71A/B CLUSTER BOMB | | | ● | ● | ● | ● | ● | |
| 2.75-IN FFAR (19) | LAU-3/A, A/A, B/A, -60/A LAUNCHER | | ● | ● | | ● | ● | |
| 2.75-IN FFAR (7) | LAU-68A/A, B/A LAUNCHER | | ● | ● | | ● | ● | |
| MK-24, LUU-1/B, -2/B, OR -5/B FLARES/MARKERS (8) | SUU-25A/A, C/A, E/A DISPENSER | | ● | | | | ● | |

○ *FINNED OR UNFINNED*

| TRAINING STORES | STATION REQUIREMENTS | TIP | LO | LI | CL | RI | RO | TIP |
|---|---|---|---|---|---|---|---|---|
| AIM-9 CAPTIVE MISSILE | WINGTIP LAUNCHER | ● | | | | | | ● |
| TDU-11/B TARGET ROCKET | WINGTIP LAUNCHER | ● | | | | | | |
| BDU-33 SERIES OR MK-106 | Ⓔ SUU-20/A(M), A/A, B/A DISPENSER<br>Ⓕ ADAPTER & SUU-20/A(M), A/A, B/A DISPENSER | | | | ● | | | |
| TDU-10/B DART TARGET | RMU-10/A TOW REEL | | | | ● | | | |
| | TARGET CARRIER | | ● | | | | | |

## 연료량 데이터

| | FULLY SERVICED | | | USABLE | | |
|---|---|---|---|---|---|---|
| | GAL | POUNDS | | GAL | POUNDS | |
| INTERNAL FUEL | | JP-4 | JET A-1 or JP-8 | | JP-4 | JET A-1 or JP-8 |
| TOTAL | 698 | 4537 | 4676 | 677 | 4400 | 4536 |
| LEFT(FWD) SYSTEM | 306 | 1989 | 2050 | 296 | 1924 | 1983 |
| RIGHT(AFT) SYSTEM | 392 | 2548 | 2626 | 381 | 2476 | 2553 |
| EXTERNAL FUEL | | | | | | |
| CL TANK(275-GALLON) | 275 | 1788 | 1843 | 273 | 1775 | 1829 |
| 2 WING TANKS(275-GALLON) | 550 | 3575 | 3685 | 546 | 3549 | 3658 |
| CL TANK(150-GALLON) | 152 | 988 | 1018 | 150 | 975 | 1005 |
| 2 WING TANKS(150-GALLON) | 304 | 1976 | 2037 | 300 | 1950 | 2010 |
| MAXIMUM FUEL | | | | | | |
| INTERNAL AND 3 275-GALLON EXTERNAL TANKS | 1523 | 9900 | 10204 | 1496 | 9724 | 10023 |
| INTERNAL AND 3 150-GALLON EXTERNAL TANKS | 1154 | 7501 | 7731 | 1127 | 7325 | 7551 |

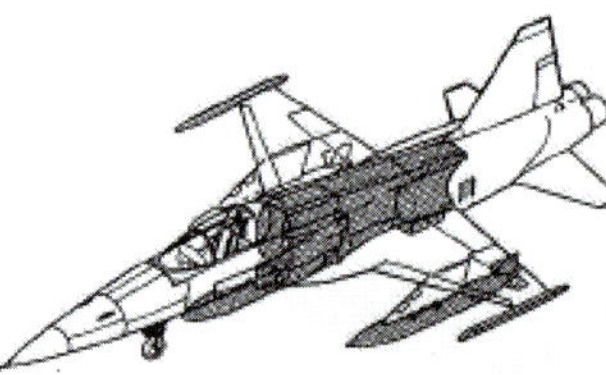

*Data Basis*

- *Calibrated*
- *Standard Day*
- *Fuel:*

*JP-4* 6.5lb/US Gal

*Jet A-1 W/FSII or JP-8* 6.7lb/US Gal

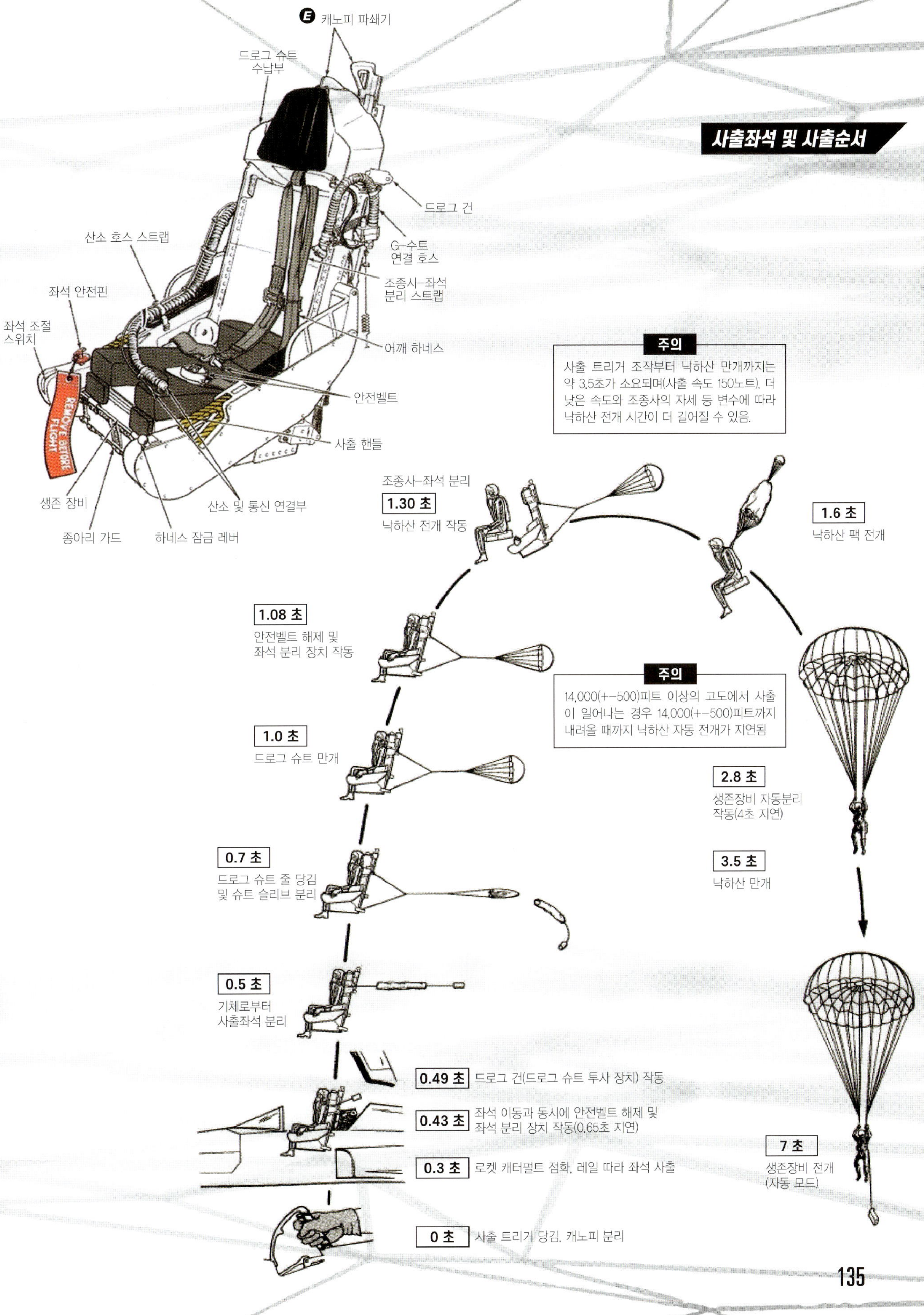
사출좌석 및 사출순서
E 캐노피 파쇄기
드로그 슈트
수납부
드로그 건
G-수트
연결 호스
산소 호스 스트랩
조종사-좌석
분리 스트랩
좌석 안전핀
좌석 조절
스위치
어깨 하네스
REMOVE BEFORE FLIGHT
안전벨트
사출 핸들
생존 장비
산소 및 통신 연결부
종아리 가드
하네스 잠금 레버
주의
사출 트리거 조작부터 낙하산 만개까지는 약 3.5초가 소요되며(사출 속도 150노트), 더 낮은 속도와 조종사의 자세 등 변수에 따라 낙하산 전개 시간이 더 길어질 수 있음.
조종사-좌석 분리
1.30 초
낙하산 전개 작동
1.6 초
낙하산 팩 전개
1.08 초
안전벨트 해제 및
좌석 분리 장치 작동
주의
14,000(+-500)피트 이상의 고도에서 사출이 일어나는 경우 14,000(+-500)피트까지 내려올 때까지 낙하산 자동 전개가 지연됨
1.0 초
드로그 슈트 만개
2.8 초
생존장비 자동분리
작동(4초 지연)
0.7 초
드로그 슈트 줄 당김
및 슈트 슬리브 분리
3.5 초
낙하산 만개
0.5 초
기체로부터
사출좌석 분리
0.49 초 드로그 건(드로그 슈트 투사 장치) 작동
0.43 초 좌석 이동과 동시에 안전벨트 해제 및
좌석 분리 장치 작동(0.65초 지연)
7 초
생존장비 전개
(자동 모드)
0.3 초 로켓 캐터펄트 점화, 레일 따라 좌석 사출
0 초 사출 트리거 당김, 캐노피 분리

hunini

▲ F–5E의 스킨을 제거한 해부 사진. 세미 모노코크(Semi–monocoque) – 알루미늄 합금 리벳 조립 구조의 디테일을 들여다 볼 수 있다. 익단 실속(Wing Tip Stall) 방지를 위한 주익 구조로 익단 미사일 발사대가 전방으로 살짝 숙여져 있는 점에 주의

hunini

▲ F–5E 주익 내부 구조. 윙립과 스트링거 구조가 잘 드러난다. 연료탱크가 없는 Dry wing.

▲ 캐노피 아래 항전장비 베이

▲ 조종석 주변 전방동체 내부 구조. 포머(Former)와 스트링거(Stringer) 사이에 각종 구성품들이 빽빽하게 밀집돼 있다. 좌우측 끝단의 노란색 도어는 각각 Canopy Emergency Release와 Canopy External Operating Control Panel. 우측 하단 회색 세로방향의 도어는 내장형 보딩 러더(자주 쓰이지는 않는다)

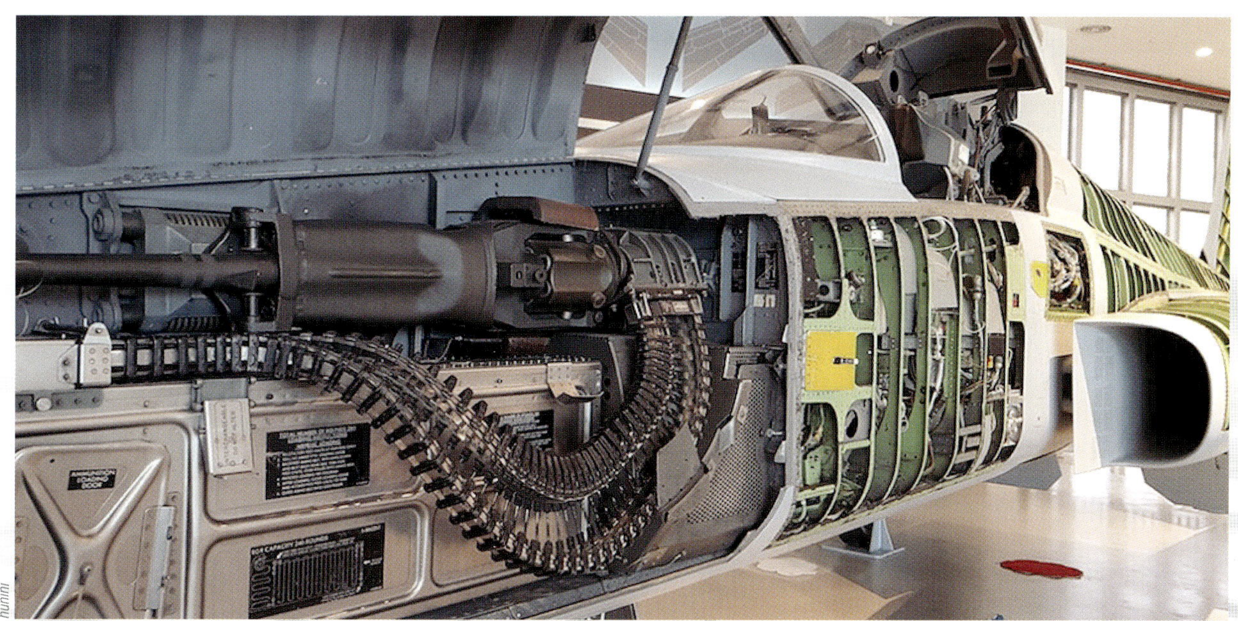

▲ M39A2 기총. F-5의 기본 무장으로 좌우측 2문을 장비. 각각 280발의 탄환을 적재하며(총 560발 적재) 이 중 246발은 하단의 은색 탄환 저장소에 적재된다. 발사속도는 분당 1,500발. 발사 후 탄피는 전방동체 하단의 탄피 배출구를 통해 배출된다.

huni̇ni

▲ F-5E 중앙동체 내부 구조. 전후방 스파(Spar) 구조를 잘 알 수 있다. 중앙동체는 연료탱크가 자리 잡고 있는 부분으로, 내부 연료량은 698갤런. 후방 원형 창이 있는 부분은 유압저장소이고 그 오른쪽 옆은 보조공기흡입구 내부

hunini

◀ 수직미익과 후방동체 내부 구조. 수직미익의 윙립(wing rib) 구조에 주의. 중앙의 노란색 구조물은 연료배출 덕트이고, 좌측 연두색 구조물은 케이블 덕트. 상단의 붉은 색 충돌 방지등과 수직미익 위치등이 자리 잡고 있다. 하단 수평미익의 유압식 액추에이터 내부 구조가 보이며, 수평미익 전방 끝단 위 대각선 분할선은 엔진 분리를 위한 브레이킹 포인트(Breaking point).

월간항공

▲ KF-5E의 독특한 설계 주안점 중 하나가 후방동체 캔티드 프레임(Canted frame: 한국 공군에서는 보텔(boattail)이라고 한다)으로 수평미익을 포함한 엔진 수납 프레임 전체가 분리 가능하다. 덕분에 숙련된 인원들 3명이 20~30분 내에 엔진을 제거할 수 있다고 한다.

레이다, 기총, 날개, 사출 좌석까지 제거한 채 창정비 중인 F-5E. 특유의 윈드실드 힌지(hinge) 구조에 주목. 윈드실드를 상방으로 열어젖히면 조종석 항전장비로 접근이 용이해진다. 동체 상부 연료 도관과 엔진 블리드 에어 덕트 내부 구조가 들여다 보인다.

일러스트레이션 제공: ㈜아카데미과학

# KF-5E 단좌형

## F-5E Tiger Ⅱ 제원

| | | | |
|---|---|---|---|
| • 전장 | 14.45m | • 공허중량 | 4,410kg |
| • 전고 | 4.06m | • 최대이륙중량 | 11,324kg |
| • 익폭 | 8.13m | • 최대속도 | 마하 1.64 |
| • 랜딩기어 전후 폭 | 5.16m | • 고정무장 | M39A2 x 2 (문당 280발) |
| • 랜딩기어 좌우 폭 | 3.81m | | |

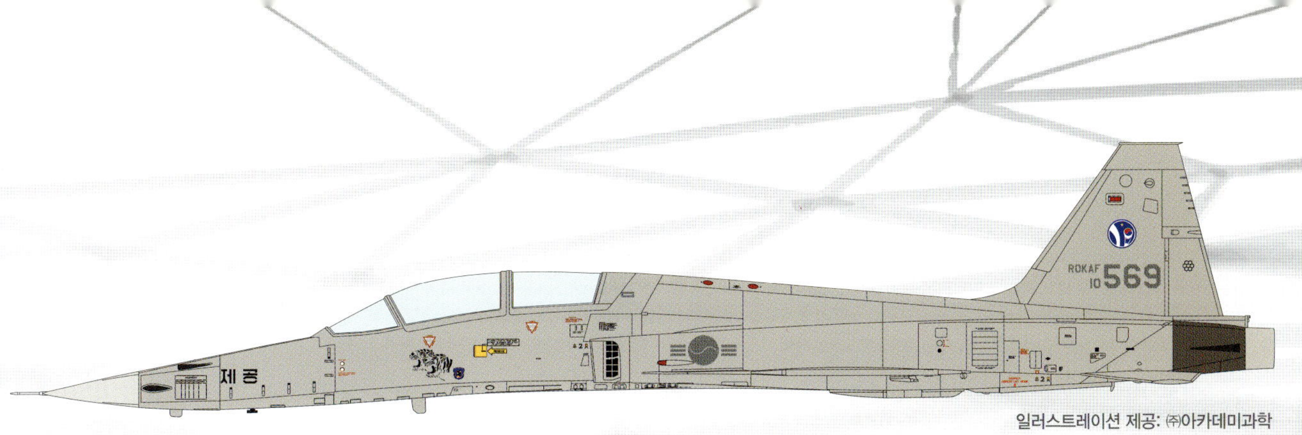


일러스트레이션 제공: ㈜아카데미과학

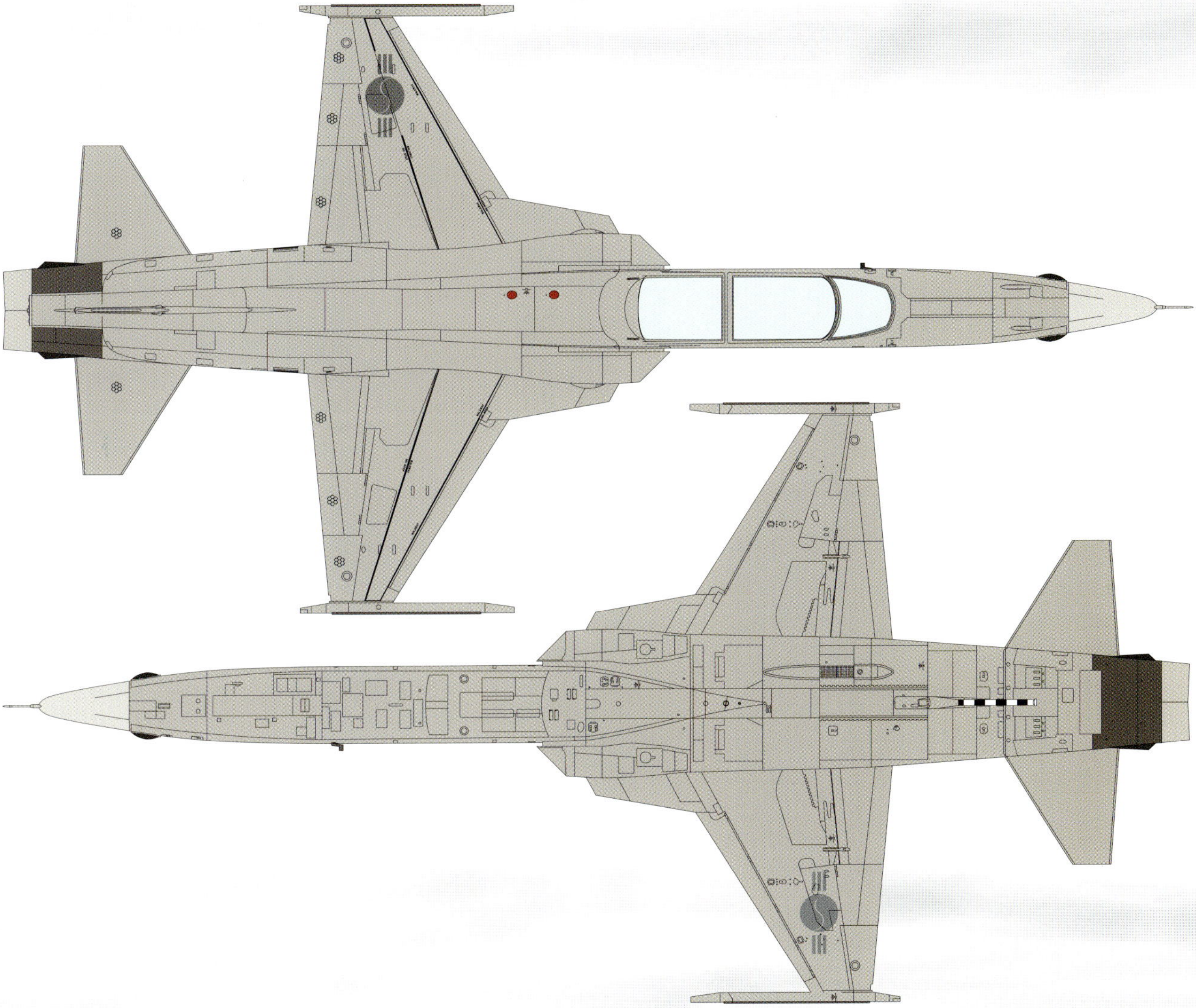

# KF-5F 복좌형

## F-5F Tiger Ⅱ 제원

| | | | |
|---|---|---|---|
| • 전장 | 15.65m | • 공허중량 | 4,797kg |
| • 전고 | 4.01m | • 최대이륙중량 | 11,409kg |
| • 익폭 | 8.13m | • 최대속도 | 마하 1.57 |
| • 랜딩기어 전후 폭 | 6.45m | • 고정무장 | M39A2 x 2 (문당 140발) |
| • 랜딩기어 좌우 폭 | 3.81m | | |

# 한국 공군 도입 F-5A/B 계열

자료: 온라인/서적 자료 및 저자 리서치

| 기체번호 | 기종 | 비고 |
|---|---|---|
| 63-08373 | F-5A | 미 정부 공여 |
| 63-08374 | F-5A | 미 정부 공여 |
| 63-08382 | F-5A | 전 월남 공군 기체 |
| 63-08385 | F-5A | 전 월남 공군 기체 |
| 63-08386 | F-5A | 전 월남 공군 기체 |
| 63-08387 | F-5A | 전 월남 공군 기체 |
| 63-08388 | F-5A | 전 월남 공군 기체 |
| 63-08389 | F-5A | 전 월남 공군 기체 – 필리핀 공군 인도 |
| 63-08390 | F-5A | 전 월남공군 기체 |
| 63-08391 | F-5A | 전 월남공군 기체 |
| 63-08393 | F-5A | 월남 공군 인도 – 한국 공군 반환 |
| 63-08395 | F-5A | 월남 공군 인도 |
| 63-08396 | F-5A | 월남 공군 인도 – 한국 공군 반환 |
| 63-08397 | F-5A | 미 정부 공여 |
| 63-08398 | F-5A | 월남 공군 인도 |
| 63-08399 | F-5A | 월남 공군 인도 |
| 63-08400 | F-5A | 월남 공군 인도 |
| 63-08401 | F-5A | 월남 공군 인도 |
| 63-08402 | F-5A | 월남 공군 인도 |
| 63-08403 | F-5A | 월남 공군 인도 |
| 63-08404 | F-5A | 월남 공군 인도 – 한국 공군 반환 |
| 63-08406 | F-5A | 월남 공군 인도 |
| 63-08407 | F-5A | 월남 공군 인도 – 한국 공군 반환 |
| 63-08408 | F-5A | 월남 공군 인도 – 한국 공군 반환 |
| 63-08431 | F-5A | 월남 공군 인도 |
| 63-08432 | F-5A | 미 정부 공여 |
| 63-08433 | F-5A | 미 정부 공여 |
| 63-08434 | F-5A | 월남 공군 인도 |
| 63-08435 | F-5A | 미 정부 공여 |
| 63-08436 | F-5A | 월남 공군 인도 – 한국 공군 반환 |
| 63-08437 | F-5A | 미 정부 공여 |
| 63-08447 | F-5B | 전 월남 공군 기체 |
| 63-08448 | F-5B | 미 정부 공여 |
| 63-08449 | F-5B | 미 정부 공여 |
| 63-08450 | F-5B | 미 정부 공여 |
| 63-08451 | F-5B | 미 정부 공여 |
| 64-13306 | F-5A | 월남 공군 인도 – 한국 공군 반환 |
| 64-13307 | F-5A | 미 정부 공여 |
| 64-13308 | F-5A | 필리핀 공군 인도 |
| 64-13309 | F-5A | 월남 공군 인도 – 한국 공군 반환 |
| 64-13311 | F-5A | 월남 공군 인도 – 한국 공군 반환 |

| 기체번호 | 기종 | 비고 |
|---|---|---|
| 64-13312 | F-5A | 월남 공군 인도 |
| 65-10482 | F-5A | 전 월남 공군 기체 |
| 65-10488 | F-5A | 미 정부 공여 |
| 65-10489 | F-5A | 월남 공군 인도 |
| 65-10490 | F-5A | 미 정부 공여 |
| 65-10491 | F-5A | 미 정부 공여 |
| 65-10492 | F-5A | 미 정부 공여 |
| 65-10493 | F-5A | 월남 공군 인도 |
| 65-10494 | F-5A | 월남 공군 인도 |
| 65-10495 | F-5A | 월남 공군 인도 |
| 65-10496 | F-5A | 월남 공군 인도 |
| 65-10497 | F-5A | 월남 공군 인도 |
| 65-10498 | F-5A | 미 정부 공여 |
| 65-10522 | F-5A | 전 월남 공군 기체 |
| 65-10526 | F-5A | 전 월남 공군 기체 |
| 65-10527 | F-5A | 전 월남 공군 기체 |
| 65-10529 | F-5A | 미 정부 공여 |
| 65-10532 | F-5A | 전 월남 공군 기체 |
| 65-10545 | F-5A | 미 정부 공여 |
| 65-10548 | F-5A | 미 정부 공여 |
| 65-10549 | F-5A | 미 정부 공여 |
| 65-10550 | F-5A | 미 정부 공여 |
| 65-10551 | F-5A | 미 정부 공여 |
| 65-10552 | F-5A | 미 정부 공여 |
| 65-10553 | F-5A | 월남 공군 인도 |
| 65-10554 | F-5A | 월남 공군 인도 |
| 65-10583 | F-5B | 미 정부 공여 |
| 65-10585 | F-5B | 미 정부 공여 |
| 65-13071 | F-5B | 미 정부 공여 |
| 66-09131 | F-5A | 전 월남 공군 기체 – 반환 |
| 66-09143 | F-5A | 월남 공군 인도 – 한국 공군 반환 – 필리핀 공군 인도 |
| 66-09144 | F-5A | 월남 공군 인도 |
| 66-09145 | F-5A | 월남 공군 인도 |
| 66-09146 | F-5A | 월남 공군 인도 – 한국 공군 반환 |
| 66-09147 | F-5A | 월남 공군 인도 |
| 66-09180 | F-5A | 미 정부 공여 |
| 66-14461 | F-5A | 전 월남 공군 기체 |
| 67-21176 | F-5A | 필리핀 공군 인도 |
| 67-21177 | F-5A | 필리핀 공군 인도 |
| 67-21178 | F-5A | 미 정부 공여 |
| 67-21179 | F-5A | 미 정부 공여 |

# 한국 공군 도입 F-5A/B 계열

| 기체번호 | 기종 | 비고 |
|---|---|---|
| 67-21180 | F-5A | 미 정부 공여 |
| 67-21182 | F-5A | 미 정부 공여 |
| 67-21183 | F-5A | 미 정부 공여 |
| 67-21184 | F-5A | 월남 공군 인도 |
| 67-21185 | F-5A | 미 정부 공여 |
| 67-21186 | F-5A | 월남 공군 인도 |
| 67-21187 | F-5A | 월남 공군 인도 |
| 67-21188 | F-5A | 미 정부 공여 |
| 67-21189 | F-5A | 미 정부 공여 |
| 67-21190 | F-5A | 필리핀 공군 인도 |
| 67-21191 | F-5A | 필리핀 공군 인도 |
| 67-21276 | F-5B | 미 정부 공여 |
| 67-21277 | F-5B | 미 정부 공여 |
| 68-09043 | F-5A | 미 정부 공여 |
| 68-09044 | F-5A | 미 정부 공여 |
| 68-09045 | F-5A | 미 정부 공여 |
| 68-09046 | F-5A | 미 정부 공여 |
| 68-09048 | F-5A | 필리핀 공군 인도 |
| 68-09049 | F-5A | 미 정부 공여 |
| 68-09094 | F-5B | 미 정부 공여 |
| 68-09095 | F-5B | 미 정부 공여 |
| 69-07148 | RF-5A | 전 월남 공군 기체 |
| 70-01383 | F-5A | 미 정부 공여 |
| 70-01384 | F-5A | 미 정부 공여 |
| 70-01385 | F-5A | 미 정부 공여 |
| 70-01386 | F-5A | 미 정부 공여 |
| 70-01387 | F-5A | 미 정부 공여 |
| 70-01388 | F-5A | 미 정부 공여 |
| 70-01393 | F-5A | 미 정부 공여 |
| 70-01394 | F-5A | 미 정부 공여 |
| 70-01395 | F-5A | 미 정부 공여 |
| 70-01396 | F-5A | 전 월남 공군 기체 |
| 70-01401 | F-5A | 미 정부 공여 |
| 70-01402 | F-5A | 미 정부 공여 |
| 70-01403 | F-5A | 미 정부 공여 |
| 70-01404 | F-5A | 미 정부 공여 |
| 71-00277 | RF-5A | 미 정부 공여 |
| 71-00278 | RF-5A | 미 정부 공여 |
| 71-01029 | RF-5A | 미 정부 공여 |
| 71-01030 | RF-5A | 미 정부 공여 |
| 71-01031 | RF-5A | 미 정부 공여 |
| 71-01032 | RF-5A | 미 정부 공여 |

| 기체번호 | 기종 | 비고 |
|---|---|---|
| 71-01034 | F-5B | 미 정부 공여 |
| 71-01035 | RF-5A | 미 정부 공여 |
| 71-01036 | RF-5A | 미 정부 공여 |
| 72-00438 | F-5B | 미 정부 공여 |
| 72-00442 | F-5B | 미 정부 공여 |
| 72-00443 | F-5B | 미 정부 공여 |
| 72-00444 | F-5B | 미 정부 공여 |
| 72-00445 | F-5B | 미 정부 공여 |
| 72-00446 | F-5B | 미 정부 공여 |
| 72-00447 | F-5B | 미 정부 공여 |
| 72-00448 | F-5B | 미 정부 공여 |
| 74-02114 | F-5B | 직도입 |
| 74-02115 | F-5B | 직도입 |
| 74-02116 | F-5B | 직도입 |
| 74-02117 | F-5B | 직도입 |
| 74-02118 | F-5B | 직도입 |
| 74-02119 | F-5B | 직도입 |
| 74-02120 | F-5B | 직도입 |
| 74-02121 | F-5B | 직도입 |
| 74-02122 | F-5B | 직도입 |
| 74-02123 | F-5B | 직도입 |
| 74-02124 | F-5B | 직도입 |
| 74-02125 | F-5B | 직도입 |
| 74-02126 | F-5B | 직도입 |
| 74-02127 | F-5B | 직도입 |
| 74-02128 | F-5B | 직도입 |
| 74-02129 | F-5B | 직도입 |

| 기종 | 대수 |
|---|---|
| F-5A | 105 |
| F-5B | 37 |
| RF-5A | 9 |
| F-5A/B 총계 | 151 |

| 도입경로 | 대수 | |
|---|---|---|
| 미정부 공여 | 76 | |
| 월남공군 인도 | 36 | |
| 전 월남공군 기체 | 16 | |
| 전 월남공군 기체 – 반환 | 1 | |
| 월남공군 인도 – 한국공군 반환 | 11 | |
| 필리핀 공군 인도 | 8 | |
| 직도입 | 16 | |
| 실제 운용 대수 | 127 | 총계 – 월남공군 인도 + 한국공군 반환 |

# 한국 공군 도입 F-5E/F 계열

자료: 온라인/서적 자료 및 저자 리서치

| 기체번호 | 기종 | 비고 |
|---|---|---|
| 73-00884 | F-5E | 전 월남 공군 기체 |
| 73-00886 | F-5E | 전 월남 공군 기체 |
| 73-00887 | F-5E | 미국 공여 기체 |
| 73-00888 | F-5E | 미국 공여 기체 |
| 73-00890 | F-5E | 전 월남 공군 기체 |
| 73-01626 | F-5E | 직구매 |
| 73-01627 | F-5E | 직구매 |
| 73-01629 | F-5E | 직구매 |
| 73-01630 | F-5E | 직구매 |
| 73-01631 | F-5E | 직구매 |
| 73-01632 | F-5E | 직구매 |
| 73-01633 | F-5E | 직구매 |
| 73-01634 | F-5E | 직구매 |
| 73-01641 | F-5E | 직구매 |
| 73-01642 | F-5E | 직구매 |
| 73-01643 | F-5E | 직구매 |
| 73-01644 | F-5E | 직구매 |
| 73-01645 | F-5E | 직구매 |
| 73-01646 | F-5E | 직구매 |
| 74-01471 | F-5E | 직구매 |
| 74-01472 | F-5E | 직구매 |
| 74-01473 | F-5E | 직구매 |
| 74-01474 | F-5E | 직구매 |
| 74-01475 | F-5E | 직구매 |
| 74-01476 | F-5E | 직구매 |
| 74-01477 | F-5E | 직구매 |
| 74-01478 | F-5E | 직구매 |
| 74-01479 | F-5E | 직구매 |
| 74-01482 | F-5E | 직구매 |
| 74-01483 | F-5E | 직구매 |
| 74-01485 | F-5E | 직구매 |
| 74-01486 | F-5E | 직구매 |
| 74-01487 | F-5E | 직구매 |
| 74-01488 | F-5E | 직구매 |
| 74-01489 | F-5E | 직구매 |
| 74-01490 | F-5E | 직구매 |
| 74-01491 | F-5E | 직구매 |

| 기체번호 | 기종 | 비고 |
|---|---|---|
| 74-01492 | F-5E | 직구매 |
| 74-01493 | F-5E | 직구매 |
| 74-01494 | F-5E | 직구매 |
| 75-00458 | F-5E | 직구매 |
| 75-00459 | F-5E | 직구매 |
| 75-00460 | F-5E | 직구매 |
| 75-00461 | F-5E | 직구매 |
| 75-00501 | F-5E | 직구매 |
| 75-00502 | F-5E | 직구매 |
| 75-00503 | F-5E | 직구매 |
| 75-00504 | F-5E | 직구매 |
| 75-00505 | F-5E | 직구매 |
| 75-00506 | F-5E | 직구매 |
| 75-00507 | F-5E | 직구매 |
| 75-00508 | F-5E | 직구매 |
| 75-00509 | F-5E | 직구매 |
| 75-00510 | F-5E | 직구매 |
| 75-00511 | F-5E | 직구매 |
| 75-00512 | F-5E | 직구매 |
| 75-00513 | F-5E | 직구매 |
| 75-00514 | F-5E | 직구매 |
| 75-00515 | F-5E | 직구매 |
| 75-00516 | F-5E | 직구매 |
| 75-00517 | F-5E | 직구매 |
| 75-00518 | F-5E | 직구매 |
| 75-00519 | F-5E | 직구매 |
| 75-00520 | F-5E | 직구매 |
| 75-00521 | F-5E | 직구매 |
| 75-00522 | F-5E | 직구매 |
| 75-00523 | F-5E | 직구매 |
| 75-00524 | F-5E | 직구매 |
| 75-00525 | F-5E | 직구매 |
| 75-00526 | F-5E | 직구매 |
| 75-00527 | F-5E | 직구매 |
| 75-00573 | F-5E | 직구매 |
| 75-00574 | F-5E | 직구매 |
| 75-00575 | F-5E | 직구매 |

| 기체번호 | 기종 | 비고 |
|---|---|---|
| 75-00576 | F-5E | 직구매 |
| 75-00577 | F-5E | 직구매 |
| 75-00578 | F-5E | 직구매 |
| 75-00579 | F-5E | 직구매 |
| 75-00580 | F-5E | 직구매 |
| 75-00581 | F-5E | 직구매 |
| 75-00582 | F-5E | 직구매 |
| 75-00583 | F-5E | 직구매 |
| 75-00584 | F-5E | 직구매 |
| 75-00585 | F-5E | 직구매 |
| 75-00586 | F-5E | 직구매 |
| 75-00587 | F-5E | 직구매 |
| 75-00588 | F-5E | 직구매 |
| 75-00589 | F-5E | 직구매 |
| 75-00590 | F-5E | 직구매 |
| 75-00591 | F-5E | 직구매 |
| 75-00592 | F-5E | 직구매 |
| 75-00593 | F-5E | 직구매 |
| 75-00594 | F-5E | 직구매 |
| 75-00595 | F-5E | 직구매 |
| 75-00596 | F-5E | 직구매 |
| 75-00597 | F-5E | 직구매 |
| 75-00598 | F-5E | 직구매 |
| 75-00599 | F-5E | 직구매 |
| 75-00600 | F-5E | 직구매 |
| 75-00601 | F-5E | 직구매 |
| 75-00602 | F-5E | 직구매 |
| 75-00603 | F-5E | 직구매 |
| 75-00626 | F-5E | 직구매 |
| 75-00627 | F-5E | 직구매 |
| 75-00737 | F-5F | 직구매 |
| 75-00738 | F-5F | 직구매 |
| 75-00739 | F-5F | 직구매 |
| 75-00740 | F-5F | 직구매 |
| 75-00741 | F-5F | 직구매 |
| 75-00742 | F-5F | 직구매 |
| 76-01643 | F-5E | 직구매 |

# 한국 공군 도입 F-5E/F 계열

| 기체번호 | 기종 | 비고 |
|---|---|---|
| 76-01644 | F-5E | 직구매 |
| 76-01645 | F-5E | 직구매 |
| 76-01646 | F-5E | 직구매 |
| 76-01647 | F-5E | 직구매 |
| 76-01648 | F-5E | 직구매 |
| 76-01649 | F-5E | 직구매 |
| 76-01650 | F-5E | 직구매 |
| 76-01651 | F-5E | 직구매 |
| 76-01652 | F-5E | 직구매 |
| 76-01653 | F-5E | 직구매 |
| 76-01654 | F-5E | 직구매 |
| 76-01655 | F-5E | 직구매 |
| 76-01656 | F-5E | 직구매 |
| 76-01657 | F-5E | 직구매 |
| 76-01658 | F-5E | 직구매 |
| 76-01659 | F-5E | 직구매 |
| 76-01660 | F-5E | 직구매 |
| 76-01661 | F-5E | 직구매 |
| 76-01662 | F-5E | 직구매 |
| 76-01663 | F-5E | 직구매 |
| 76-01664 | F-5E | 직구매 |
| 78-00774 | F-5F | 직구매 |
| 78-00775 | F-5F | 직구매 |
| 78-00776 | F-5F | 직구매 |
| 78-00777 | F-5F | 직구매 |
| 78-00778 | F-5F | 직구매 |
| 78-00779 | F-5F | 직구매 |
| 78-00780 | F-5F | 직구매 |
| 78-00781 | F-5F | 직구매 |
| 78-00782 | F-5F | 직구매 |
| 78-00783 | F-5F | 직구매 |
| 78-00784 | F-5F | 직구매 |
| 78-00785 | F-5F | 직구매 |
| 78-00786 | F-5F | 직구매 |
| 78-00787 | F-5F | 직구매 |
| 81-00558 | KF-5E | 대한항공 면허 생산 |
| 81-00559 | KF-5E | 대한항공 면허 생산 |

| 기체번호 | 기종 | 비고 |
|---|---|---|
| 81-00560 | KF-5E | 대한항공 면허 생산 |
| 81-00561 | KF-5E | 대한항공 면허 생산 |
| 81-00562 | KF-5E | 대한항공 면허 생산 |
| 81-00563 | KF-5E | 대한항공 면허 생산 |
| 81-00564 | KF-5E | 대한항공 면허 생산 |
| 81-00565 | KF-5E | 대한항공 면허 생산 |
| 81-00566 | KF-5E | 대한항공 면허 생산 |
| 81-00567 | KF-5E | 대한항공 면허 생산 |
| 81-00568 | KF-5E | 대한항공 면허 생산 |
| 81-00569 | KF-5E | 대한항공 면허 생산 |
| 81-00570 | KF-5E | 대한항공 면허 생산 |
| 81-00571 | KF-5E | 대한항공 면허 생산 |
| 81-00572 | KF-5E | 대한항공 면허 생산 |
| 81-00573 | KF-5E | 대한항공 면허 생산 |
| 81-00574 | KF-5E | 대한항공 면허 생산 |
| 81-00575 | KF-5E | 대한항공 면허 생산 |
| 81-00576 | KF-5E | 대한항공 면허 생산 |
| 81-00577 | KF-5E | 대한항공 면허 생산 |
| 81-00578 | KF-5E | 대한항공 면허 생산 |
| 81-00579 | KF-5E | 대한항공 면허 생산 |
| 81-00580 | KF-5E | 대한항공 면허 생산 |
| 81-00581 | KF-5E | 대한항공 면허 생산 |
| 81-00582 | KF-5E | 대한항공 면허 생산 |
| 81-00583 | KF-5E | 대한항공 면허 생산 |
| 81-00584 | KF-5E | 대한항공 면허 생산 |
| 81-00585 | KF-5E | 대한항공 면허 생산 |
| 81-00586 | KF-5E | 대한항공 면허 생산 |
| 81-00587 | KF-5E | 대한항공 면허 생산 |
| 81-00588 | KF-5E | 대한항공 면허 생산 |
| 81-00589 | KF-5E | 대한항공 면허 생산 |
| 81-00590 | KF-5E | 대한항공 면허 생산 |
| 81-00591 | KF-5E | 대한항공 면허 생산 |
| 81-00592 | KF-5E | 대한항공 면허 생산 |
| 81-00593 | KF-5E | 대한항공 면허 생산 |
| 81-00594 | KF-5F | 대한항공 면허 생산 |
| 81-00595 | KF-5F | 대한항공 면허 생산 |
| 81-00596 | KF-5F | 대한항공 면허 생산 |

| 기체번호 | 기종 | 비고 |
|---|---|---|
| 81-00597 | KF-5F | 대한항공 면허 생산 |
| 81-00598 | KF-5F | 대한항공 면허 생산 |
| 81-00599 | KF-5F | 대한항공 면허 생산 |
| 81-00600 | KF-5F | 대한항공 면허 생산 |
| 81-00601 | KF-5F | 대한항공 면허 생산 |
| 81-00602 | KF-5F | 대한항공 면허 생산 |
| 81-00603 | KF-5F | 대한항공 면허 생산 |
| 81-00604 | KF-5F | 대한항공 면허 생산 |
| 81-00605 | KF-5F | 대한항공 면허 생산 |
| 81-00606 | KF-5F | 대한항공 면허 생산 |
| 81-00607 | KF-5F | 대한항공 면허 생산 |
| 81-00608 | KF-5F | 대한항공 면허 생산 |
| 81-00609 | KF-5F | 대한항공 면허 생산 |
| 81-00610 | KF-5F | 대한항공 면허 생산 |
| 81-00611 | KF-5F | 대한항공 면허 생산 |
| 81-00612 | KF-5F | 대한항공 면허 생산 |
| 81-00613 | KF-5F | 대한항공 면허 생산 |
| 81-00614 | KF-5E | 대한항공 면허 생산 |
| 81-00615 | KF-5E | 대한항공 면허 생산 |
| 81-00616 | KF-5E | 대한항공 면허 생산 |
| 81-00617 | KF-5E | 대한항공 면허 생산 |
| 81-00618 | KF-5E | 대한항공 면허 생산 |
| 81-00619 | KF-5E | 대한항공 면허 생산 |
| 81-00620 | KF-5E | 대한항공 면허 생산 |
| 81-00621 | KF-5E | 대한항공 면허 생산 |
| 81-00622 | KF-5E | 대한항공 면허 생산 |
| 81-00623 | KF-5E | 대한항공 면허 생산 |
| 81-00624 | KF-5E | 대한항공 면허 생산 |
| 81-00625 | KF-5E | 대한항공 면허 생산 |

| 기종 | 대수 | 계 |
|---|---|---|
| F–5E | 126 | 146 |
| F–5F | 20 | |
| KF–5E | 48 | 68 |
| KF–5F | 20 | |
| F–5E/F 총계 | | 214 |

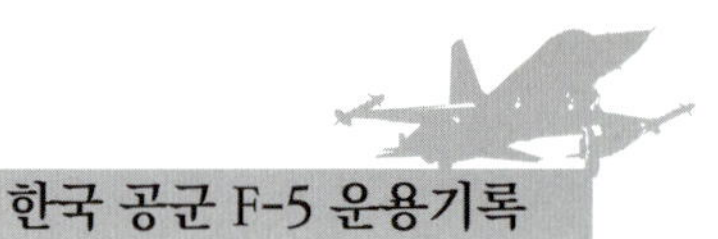

# 한국 공군 역대 F-5 전투비행대대 연혁

### 제101 전투비행대대

- 1951.08.01: 제11대대로 창설 (강릉기지, F-51)
- 1957.04.25: F-86기종 전환
- 1975.07.20: F-5E/F 기종 전환
- 2019년 말 현재 KF-5E/F 운용 중

### 제102 전투비행대대

- 1951.08.01: 제13대대로 창설 (강릉기지, F-51)
- 1956.08.30: F-86 기종 전환
- 1965.07.24: F-5A/B 기종 전환
- 2007.04.01: 재창설 및 F-15K 기종 전환

### 제103 전투비행대대

- 1953.05.17: 제13대대 창설 (강릉기지, F-51)
- 1955.10.06: F-86F 기종전환
- 1983.10.01: F-5E/F 기종전환
- 2013.05.16: FA-50 기종전환 및 창설 60주년 기념식

### 제105 전투비행대대

- 1964.10.15: 대대 창설 (수원기지)
- 1965.04.10: F-5A/B 최초 도입
- 1974.09.16: F-5E/F 기종 전환
- 2019년 말 현재 F-5E/F 운용 중

### 제110 전투비행대대

- 1966.05.01: 대대 창설 (수원기지, F-5A/B)
- 1972.11.10: F-4D 기종 전환 (베트남 이전 F-5A/B와 맞교환)
- 2010.07.01: 재창설 및 F-15K 기종 전환

### 제111 전투비행대대

- 1958.1.13: 창설 (수원기지, F-86)
- 1985.3.26: F-5E/F 기종 전환
- 1987.12.01: KF-16C/D 기종 전환

### 제112 전투비행대대

- 1958.08.01: 대대 창설 (김포기지, F-51)
- 1959.07.30: F-86F 기종 전환
- 1986.08.13: F-5E/F 기종 전환
- 2019년 말 현재 F-5E/F 운용 중

### 제115 전투비행대대

- 1968.05.05: 대대 창설 (광주기지, F-5A/B)
- 1999.03.25: T-38 기종 전환
- 2012.10.04: 재창설 및 TA-50 기종 전환

### 제120 전투비행대대

- 1969.03: 대대창설 (수원기지, F-5A/B)
- 1994.09: 재창설 및 KF-16 전환

### 제121 전투비행대대

- 1972.03.01: 대대창설 (신촌리기지, F-86F)
- 1984.11.15: F-5E/F 기종 전환
- 1998.06.01: KF-16 기종 전환

### 제122 전투비행대대

- 1974.11.10: 창설 (수원기지, F-5A/B)
- 1977.01.22: F-5A/B 작전가능훈련 임무 담당
- 2005.08.01: 재창설 및 F-15K 기종 전환

### 제123 전투비행대대

- 1975.05.15: 대대창설 (광주기지, F-5A/B)
- 1997.03.07: 재창설 및 KF-16 기종 전환

# 한국 공군 역대 F-5 전투비행대대 연혁

### 제132 전술정찰대대

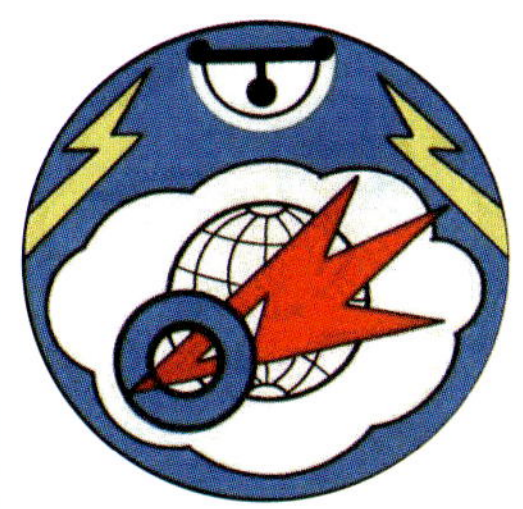

- 1958.03.01: 제32정찰비행대대 창설 (수원기지, RF-86F)
- 1970.10.31: RF-5A 기종 전환
- 2007.07.27: RF-5A 도태에 따라 대대 해편

### 제189 비행교육대대

- 1960. 4.15: 제108 요격전투비행대대 창설 (수원기지, F-86D)
- 1969. 4.15: 109대대와 통합, 제 189 전투비행대대 창설 (수원기지, F-86D)
- 1981. 2.26: 광주기지 이동 및 IPIS 과정 운영 (F-5B)
- 1989.11.06: 예천기지 이동, 고등과정 및 IPIS (계기비행교관과정) 운영 (F-5F)
- 1999.02.01: 제189 비행교육대대로 재창설 (T-38)
- 2008.03.03: T-50 기종전환 재창설

### 제201 전투비행대대

- 1976.03.15: 대대 창설 (수원기지, F-5E/F)
- 1982.11.12: KF-5E/F 제공 1호기 인수/기종 전환
- 2019년 말 현재 KF-5E/F 운용 중

### 제202 전투비행대대

- 1976.08: 대대 창설 (대구기지, F-5E/F)
- 2004.07: 재창설 및 F/A-50 기종 전환

### 제203 전투비행대대

- 1977.06.01: 대대 창설 (수원기지, F-5E/F)
- 2005. 8.19: 임무/기종전환 재창설 (광주기지, T-50)
- 2015. 8.19: 임무/ 기종전환 재창설 (원주기지, F/A-50)

### 제205 전투비행대대

- 1977.09.20: 대대 창설 (예천기지, F-5E/F)
- 2015.11.30: F-5E/F 도태에 따라 대대 해편

### 제206 전투비행대대

- 1978.02.15: 대대 창설 (예천기지, F-5E/F)
- 1980.01.04: F-5E/F 전환 및 작전 가능과정 담당
- 2019년 말 현재 F-5E/F 운용 중

### 제207 전투비행대대

- 1979.05.01: 대대 창설 (수원기지, F-5E/F)
- 1986.02.03: KF-5E/F 기종 전환
- 2017.06.30: F-5E/F 도태계획에 따라 대대 해편

# 한국 공군 순직 F-5 조종사 명단

| 번호 | 성명 | 계급 | 기종 | 소속 | 일시 | 장소 | 출신 기수 | 안장 장소 |
|---|---|---|---|---|---|---|---|---|
| 1 | 조전섭 | 소령 | F-5A | 11전비 | 67.07.10 | 수원 상공 | 공사 7 | 서울 현충원 17-4-0201 |
| 2 | 박선국 | 준장 | F-5A | 10전비 | 69.04.22 | 경기 청평 | 공사 2 | 서울 현충원 제1장군-25 |
| 3 | 김재민 | 소령 | F-5B | 10전비 | 69.06.30 | 경기 장호원 | 공사 12 | 서울 현충원 17-4-0229 |
| 4 | 김재호 | 소령 | F-5A | 10전비 | 69.11.13 | 대령도 해상 | 공사 10 | 서울 현충원 17-4-0231 |
| 5 | 남영찬 | 중령 | F-5B | 10전비 | 70.06.08 | 강릉 기지 | 공사 8 | 서울 현충원 17-4-0234 |
| 6 | 이증근 | 중령 | F-5A | 10전비 | 70.06.22 | 덕적도 상공 | 공사 6 | 서울 현충원 17-4-0237 |
| 7 | 황병인 | 중령 | F-5A | 10전비 | 70.07.02 | 경기 이천 | 공사 7 | 서울 현충원 17-4-0238 |
| 8 | 정재식 | 대위 | F-5A | 10전비 | 72.02.20 | 영주 풍기 | 공사 18 | 서울 현충원 17-4-0262 |
| 9 | 이석호 | 대위 | F-5A | 10전비 | 72.05.12 | 서해 상공 | 공사 18 | 서울 현충원 17-4-0264 |
| 10 | 김봉근 | 대령 | F-5A | 1전비 | 73.04.09 | 삼천포 해상 | 조간 9 | 서울 현충원 17-3-0269 |
| 11 | 김기승 | 대위 | F-5A | 1전비 | 73.09.17 | 전남 광주 | 공사 19 | 서울 현충원 17-3-0272 |
| 12 | 천인호 | 대위 | F-5A | 1전비 | 74.04.18 | 여주 사격장 | 공사 20 | 서울 현충원 17-3-0278 |
| 13 | 김광수 | 대위 | F-5A | 10전비 | 75.03.06 | 경기도 용인 | 공사 21 | 서울 현충원 17-4-0293 |
| 14 | 박수길 | 중령 | F-5B | 10전비 | 76.07.07 | 경기도 화성 | 공사 12 | 서울 현충원 17-3-0307 |
| 15 | 최만규 | 대위 | F-5B | 10전비 | 76.07.07 | 경기도 화성 | 공사 23 | 서울 현충원 17-3-0308 |
| 16 | 김준기 | 대위 | F-5E | 1전비 | 77.04.29 | 서해위도근해 | 공사 23 | 서울 현충원 17-4-0320 |
| 17 | 주용덕 | 소령 | F-5E | 10전비 | 78.02.23 | 덕적도 | 공사 22 | 서울 현충원 03-5-332 |
| 18 | 이병수 | 대위 | F-5E | 1전비 | 78.07.05 | 전남 광주 | 공사 24 | 서울 현충원 03-5-336 |
| 19 | 김영인 | 중위 | F-5B | 1전비 | 78.08.28 | 전남 광주 | 2사1 | 서울 현충원 03-5-340 |
| 20 | 김용식 | 대령 | RF-5A | 10전비 | 78.11.07 | 전북 완주 | 공사 11 | 서울 현충원 03-5-344 |
| 21 | 강경철 | 중위 | F-5B | 11전비 | 81.09.17 | 광산도 | 공사 29 | 서울 현충원 29-380 |
| 22 | 박배웅 | 소령 | F-5F | 16전비 | 83.10.15 | 상동사격장 | 공사 27 | 서울 현충원 29-3242 |
| 23 | 송준수 | 대위 | F-5E | 1전비 | 85.01.25 | 전남 고흥군 | 2사6 | 서울 현충원 04-2-3419 |
| 24 | 성도홍 | 중령 | F-5E | 10전비 | 86.11.28 | 경기도 화성군 | 공사 24 | 대전 현충원 장교 1-201-152 |
| 25 | 이상훈 | 중위 | F-5A | 1전비 | 87.12.08 | 전남 보성군 | 공사 35 | 대전 현충원 장교 1-201-308 |
| 26 | 장경조 | 중령 | F-5B | 1전비 | 88.06.07 | 경기도 오산 | 2사2 | 대전 현충원 장교 1-202-387 |

# 한국 공군 순직 F-5 조종사 명단

| 번호 | 성명 | 계급 | 기종 | 소속 | 일시 | 장소 | 출신 기수 | 안장 장소 |
|---|---|---|---|---|---|---|---|---|
| 27 | 오세흥 | 대위 | F-5B | 1전비 | 88.06.07 | 경기도 오산 | 학군 12 | 대전 현충원 장교 1-202-388 |
| 28 | 정태일 | 대위 | F-5A | 1전비 | 89.08.24 | 전남 광산군 | 공사 36 | 대전 현충원 장교 1-202-576 |
| 29 | 김성일 | 소령 | F-5B | 1전비 | 90.03.31 | 기지 상공 | 학군 12 | 대전 현충원 장교 1-202-687 |
| 30 | 홍일준 | 소령 | F-5B | 1전비 | 90.03.31 | 기지 상공 | 2사4 | 대전 현충원 장교 1-202-686 |
| 31 | 송태섭 | 대위 | F-5A | 18전비 | 90.04.09 | 충주사격장 | 공사 35 | 대전 현충원 장교 1-202-688 |
| 32 | 이광진 | 대위 | F-5E | 18전비 | 91.01.14 | 경기도 여주 | 공사 36 | 대전 현충원 장교 1-202-820 |
| 33 | 김민수 | 대위 | F-5A | 18전비 | 91.03.06 | 동해 상공 | 공사 36 | 대전 현충원 장교 1-202-849 |
| 34 | 이상희 | 대위 | F-5A | 1전비 | 91.12.13 | 기지 상공 | 학군 17 | 대전 현충원 장교 1-203-1001 |
| 35 | 김준호 | 중위 | F-5E | 16전비 | 92.01.29 | 경북 울진 | 공사 39 | 대전 현충원 장교 1-203-1047 |
| 36 | 임채원 | 소령 | F-5E | 18전비 | 92.10.24 | 강원도 원주 | 공사 36 | 대전 현충원 장교 1-204-1190 |
| 37 | 신현웅 | 대위 | F-5A | 1전비 | 94.10.19 | 전남 해남군 | 공사 41 | 대전 현충원 장교 1-204-1624 |
| 38 | 문상학 | 소령 | F-5E | 18전비 | 96.11.06 | 강원도 강릉 | 공사 40 | 대전 현충원 장교 1-206-2102 |
| 39 | 이성웅 | 소령 | F-5E | 10전비 | 97.04.09 | 충남 계룡산 | 공사 42 | 대전 현충원 장교 1-206-2213 |
| 40 | 박정수 | 소령 | F-5F | 16전비 | 99.09.14 | 경북 예천 반석골 | 공사 44 | 대전 현충원 장교 1-208-3108 |
| 41 | 김상훈 | 소령 | F-5E | 16전비 | 03.05.13 | 예천 상공 | 공사 44 | 대전 현충원 장교 2-211-4848 |
| 42 | 김태호 | 대위 | F-5E | 8전비 | 03.09.19 | 충북 영동(황학산) | 공사 48 | 대전 현충원 장교 2-211-5017 |
| 43 | 이한기 | 소령 | F-5E | 8전비 | 03.09.19 | 충북 영동(황학산) | 공사 44 | 대전 현충원 장교 2-211-5016 |
| 44 | 한세희 | 소령 | KF-5E | 10전비 | 04.03.11 | 서해 상공 | 공사 43 | 대전 현충원 장교 2-212-5280 |
| 45 | 엄상호 | 중령 | KF-5E | 10전비 | 04.03.11 | 서해 상공 | 공사 39 | 대전 현충원 장교 2-212-5279 |
| 46 | 김종수 | 소령 | F-5E | 10전비 | 05.07.13 | 서해 해상 | 공사 46 | 대전 현충원 장교 2-213-6191 |
| 47 | 김태균 | 중령 | F-5E | 10전비 | 05.07.13 | 서해 해상 | 공사 40 | 대전 현충원 장교 2-213-6190 |
| 48 | 최보람 | 대위 | KF-5F | 18전비 | 10.03.02 | 황병산 | 사후 118 | 대전 현충원 장교 2-312-9414 |
| 49 | 오충현 | 대령 | KF-5F | 18전비 | 10.03.02 | 황병산 | 공사 38 | 대전 현충원 장교 2-312-9412 |
| 50 | 어민혁 | 소령 | F-5E | 18전비 | 10.03.02 | 황병산 | 공사 53 | 대전 현충원 장교 2-312-9413 |
| 51 | 정성웅 | 대위 | KF-5F | 18전비 | 10.06.18 | 동해 상공 | 사후 118 | 대전 현충원 장교 2-312-9635 |
| 52 | 박정우 | 대령 | KF-5F | 18전비 | 10.06.18 | 동해 상공 | 공사 39 | 대전 현충원 장교 2-312-9634 |

자료: 공군본부 • 정리: 이원익

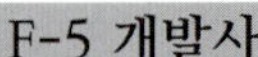

# F-5 개발사

## F-5 계열 기종

| | | |
|---|---|---|
| 단좌형 | N-156F | 단좌 전투기 프로토타입(노스롭 사내 명칭) |
| | YF-5A | N-156F의 미공군 제식 명칭 |
| | F-5A | F-5 단좌형 전투기(레이다 미장비) |
| | F-5A(G) | 노르웨이 공군 F-5A |
| | XF-5A | 정적 테스트 항공기 |
| | A.9 | 스페인 육군 항공대 운용 F-5A |
| | F-5C Skoshi Tiger | 미공군 베트남전 시험운용기(F-5A 개량형) |
| | F-5E Tiger II | F-5 단좌형 전투기(레이다 장비) |
| | F-5E Tiger III | 칠레 공군 F-5E 업그레이드 버전(EL/M-2032 레이다 장비) |
| | F-5E/F | 스위스 공군 F-5F 주익 부착 F-5E |
| | F-5G | F-20 Tigershark의 이전 명칭 |
| | F-5N | 미해군 가상적기(전 스위스 공군 F-5E) |
| | F-5S | 싱가포르 공군 F-5E 업그레이드 버전(Grifo-F 레이다 장비) |
| | F-5TH | 태국 공군의 F-5E 업그레이드 버전(EL/M-2032 레이다 장비) |
| | F-5THF | F-5TH 복좌형 |
| | F-5EM | 브라질 공군의 F-5E 업그레이드 버전(Grifo-F 레이다 장비) |
| | F-5TIII | 모로코 공군의 F-5E 업그레이드 버전 |
| | F-5E Tiger 2000 | 대만 공군의 F-5E 업그레이드 버전(GD-53 레이다 장비) |
| 정찰형 | RF-5A | F-5A 정찰형 |
| | RF-5A(G) | 노르웨이 공군 RF-5A |
| | RF-5E Tigereye | F-5E 정찰형 |
| | RF-5E Tigergazer | 대만 공군 RF-5E 업그레이드 버전 |
| | RF-5S Tigereye | 싱가포르 공군 RF-5S 업그레이드 버전 |
| | AR-9 | 스페인 공군 RF-5A |
| | B.TKh.18 | 태국 공군 RF-5A |
| 복좌형 | AE.9 | 스페인 공군 F-5B |
| | F-5-21 | YF-5B 이전 명칭 |
| | YF-5B | J85-GE-21 엔진 장착 F-5B(F-5E 실증기) |
| | F-5B | F-5 복좌형(레이다 미장비) |
| | F-5B(G) | 노르웨이 공군 F-5B |
| | F-5BM | 스페인 공군 공중전 훈련용 F-5B |
| | F-5D | 미생산 복좌형(F-5C 대비) |
| | F-5F Tiger II | F-5 복좌형(레이다 장비) |
| | F-5F Tiger III | 칠레 공군의 F-5E 업그레이드 버전 |
| | F-5T | 싱가포르 공군 F-5F 업그레이드 버전 |
| | F-5FM | 브라질 공군 F-5F 업그레이드 버전 |
| 면허생산 기종 | CF-5 | 캐나다 공군 전투기 버전(CF-116) - Canadair 면허 생산 |
| | NF-5A | 네덜란드 공군 CF-5A 단좌형 |
| | NF-5B | 네덜란드 공군 CF-5D 복좌형 |
| | SF-5A | 스페인 공군 F-5A - CASA 면허 생산 |
| | SRF-5A | 스페인 공군 RF-5A - CASA 면허 생산 |
| | SF-5B | 스페인 공군 F-5B - CASA 면허 생산 |
| | VF-5A | 베네수엘라 공군 CF-5A 단좌형 |
| | VF-5D | 베네수엘라 공군 CF-5D 복좌형 |
| | KF-5E | 대한민국 공군 F-5E - 대한항공 면허 생산 |
| | KF-5F | 대한민국 공군 F-5F - 대한항공 면허 생산 |
| | Chung Cheng(中正) | 대만 공군 F-5E/F - AIDC 면허 생산 |
| 비면허생산 기종 | Azarakhsh | 이란 공군 F-5E 개수 버전 |
| | Sa'eqeh | 이란 공군 F-5E 개수 버전(수직미익 2매 형상) |
| | Kowsar | 이란 공군 F-5F 개수 버전 |
| 파생형 | F-20 Tigershark | F-5E 성능개량형(F-404 엔진, AN/APG-67 레이다 장착 등) |
| | SSBD(Shaped Sonic Boom Demonstrator) | 초음속 충격파 소음 감소 실험기(미해군 F-5E 가상적기 개조기) |

## 부러진 송곳니 : N-102

경량전투기의 걸작 F-5 시리즈와 YF-17 '코브라(Cobra)'의 본가로서 노스롭은 경량 전투기 제작사로서 잘 알려져 있지만 사실 이전에 이미 P-61, F-89 등의 대형 전투기 제작사로 명성을 날렸다. 이러한 노스롭이 경량 전투기에 관심을 가지기 시작한 것은 1952년 P-51, F-86의 아버지로 알려진 에드가 슈미트(Edgar Shmued)를 영입하면서였다.

에드가 슈미트는 당시 지배적인 전투기 설계사상이자 스스로도 센추리 시리즈를 통해 참여한 대형 고속 전투기 개발을 반추해 보고, 이와는 반대로 작고 가벼운 기체에 강력한 엔진을 장착한 경량 전투기에 착안했다. 한국전쟁의 공중전에서 자신이 설계한 F-86이 MiG-15에 고전하는 것에 충격을 받은 에드가는 보다 혁신적인 경량 전투기를 꿈꾸었고, 노스롭과 손을 잡고 일종의 벤처사업인 N-102 팽(Fang, 송곳니) 개발에 착수, 궁극적인 경량 전투기의 가능성을 타진했다.

Edgar Schmued(1899~1985)
San Diego Air & Space Museum

N-102는 오늘날 기준으로도 희귀한 혁신적 디자인의 경량 소형 전투기였다. 기수 하단에 공기 흡입구, 동체 하단에 단발 엔진을 배치하고 MiG-21과 유사한 델타익을 고익으로 배치한 디자인

Wikipedia
N-102 Fang

은 파격적이었다. 엔진은 F-4 시리즈에 채택된 J-79를 장착했다. 당시 '미사일 만능주의'에 빠진 미 공군은 N-102의 가치를 이해하지 못했다. 대형 레이다와 대형 엔진을 장착한 마하 2급의 대형 전투기들이 중장거리 미사일로 적을 압도할 것이라는 개념에 N-102는 맞지 않는 기체였다. 결국 N-102는 록히드의 F-104에 밀려 채택되지 못하고 역사 속으로 사라졌다.

당시 미국 양대 천재 항공 엔지니어였던 에드가 슈미트의 N-102와 캘리 존슨의 F-104 간 대결은 후자의 승리로 끝났다. 그러나 후에 미군은 베트남전에서 구식 경량의 MiG기에 고전하며 뼈저린 교훈을 얻는다. 이후 미 공군의 경량 전투기(Light Weight Fighter: LWF) 사업을 통해 탄생한 YF-17과 YF-16은 세상을 놀라게 했다.

YF-16과 YF-17

USAF

## 이단아의 탄생 : N-156

N-102 실패를 뒤로 하고 노스롭은 북대서양 조약기구인 나토(NATO)와 동남아시아조약기구인 시토(SEATO) 국가들이 보유 중인 1세대 전투기 대체 소요에 주목했다. 1954년 노스롭은 전문가들을 이들 국가에 파견, 이들의 현실적 요구도를 파악하고자 했다. 결론은 적절한 성능, 저렴한 가격, 용이한 취급성, 높은 신뢰성, 단거리 비포장 활주로 작전 능력을 가진 기체였다. 미 공군의 주력으로 자리 잡아 가고 있던 센추리 시리즈의 특성과는 반대로 중소 공군은 이런 대형 전투기를 필요로 하지도 않으며 경제력도 없다는 결론이었다.

이러한 시장의 요구를 인지한 노스롭은 이들의 요구에 맞는 맞춤형 전투기 제작을 결심하고, 1955년 새로운 경량 전투기에 대한 1차 개념연구에 착수, N-102를 기반으로 초음속 훈련기 또는 경량 전투기로 활용할 수 있도록 기체를 설계해 'N-156' 이라고 명명했다.

N-156은 N-102와 같이 당시 미 공군의 지배적인 대형 전투기 설계 노선과 정면 배치되는 철학을 담고 있었다. 항공기를 가능한 작고 단순하게 만든다는 겸손한 접근법이었으나 그 결과만큼은 겸손한 것이 아닐 것이라는 자신감이 노스롭에는 있었다. 노스롭은 N-156의 철학을 가능케 할 엔진으로 당시 디코이 드론 ADM-20 'Quail'용으로 등장한 J85 시리즈에 주목했다. 이 엔진은 매우 작은 크기와 적은 중량 대비 상당한 추력을 낼 수 있어 높은 추력 대 중량비를 자랑했다. 비록 드론용 엔진이지만 획기적으로 가볍고 효율적인 전투기에 맞는 신선한 접근법이었다.

NASA

J85 Engine

N-156

San Diego Air & Space Museum

## 하얀 로켓 : T-38 'Talon'

당시 미 공군은 여전히 N-156 같은 경량 전투기에는 전혀 관심이 없었으나, N-156은 초음속 훈련기로서는 매력적인 기체였다. 초음속 시대의 초음속 훈련기이자 우수한 비용 대 훈련 효과, 탁월한 비행안정성 및 기동성이라는 유일무이한 특성을 보유하고 있었다.

1956년 4월, 훗날 T-38 '탤론(Talon)'으로 이름을 날리게 되는 초음속 고등훈련기 N-156이 이륙했다. 이어 1956년 7월에는 미 공군의 정식 채택과 양산형 개발 착수가 시작됐다. 개발은 매우 순조롭게 진행돼 별다른 어려움 없이 개발되는 최초의 초음속기라고 할 수 있었다. 원래 형상부터 항공역학적인 변화도 없었고 비행시험에서도 별다른 문제는 발견되지 않았다. 1959년 3월 성공적인 첫 비행시험 실시 후 대량 주문이 쏟아져 1959년 10월까지 월 생산량이 2대에서 10대로 급증했으며 1972년까지 총 1,187대가 생산됐다.

T-38은 특유의 밝은 백색 도장과 당시 조종사들이 처음 경험해 보는 고속 성능으로 '하얀 로켓(White Rocket)'이라는 애칭으로 불렸다. 특히 미 공군을 상징하는 고등훈련기로서 근 60여 년간 조종사 훈련에 투입됐다. 독일 공군은 T-38 46대를 구입해 미국 본토에 두고 미 공군에 조종사 교육을 위탁시켰다. 소형 경량의 기체에도 불

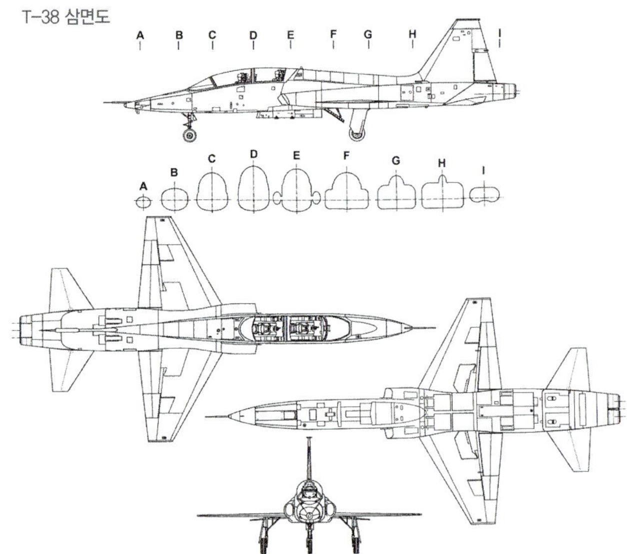

T-38 삼면도

T-38A

USAF

구하고 탁월한 비행성능과 너그러운(forgiving) 비행특성을 가진 T-38은 공중에서는 아음속에서 천음속, 초음속의 전 영역에 걸쳐 안정성과 조종성이 우수하고, 지상에서는 신뢰성, 고가동율, 정비성을 겸비해 훈련 효과 대 비용 절감의 결과가 우수해 아음속은 물론 초음속기 조종사 양성에 적격이었다. 또한 쌍발엔진을 장착해 안전성도 높았다.

이러한 T-38의 장점은 새로운 역할을 부여하기에 이르렀다. 그 중 하나는 관측기 역할로서 미 공군의 주요 항공우주 개발 기체들의 시험비행 활동에 참여한 것이다.

미 항공우주국인 나사(NASA) 소속 관측기이자 우주비행사 훈련용 항공기로 채택돼 시험비행 중인 우주왕복선의 연료 누출을 관측해 보고한 것도 T-38이었다. 또한 1974년에는 미 공군 특수 비행팀 썬더버즈의 F-4E를 대체하면서 T-38 특유의 정확성, 기동성, 경제성을 팀에 선사해 1대의 F-4E를 운용하는 비용으로 무려 4대의 T-38을 운용할 수 있었다.

Northrop Grumman

썬더버즈 팀의 T-38

## F-5A/B '자유의 투사'

T-38의 성공에 고무된 노스롭은 자체 비용을 들여 미국 우방국 수요를 위한 전투기 개발을 계속해 나갔다. 이것은 일종의 도박이었으나 승산이 있는 도박이었다. 미 정부 또한 이미 구식이 돼버린 장비를 우방국에 공여하는 관행보다 효과적인 전투력을 가진 현대적 장비를 제공하는 것이 바람직하다는 정책적 판단을 내리고 있는 상황이었다.

이러한 상황에 탄력을 받은 노스롭은 1958년 5월, 3대의 N-156F 프로토타입 제작에 돌입했다. T-38 생산용 치공구를 활용할 수 있어 효율적인 생산이 가능해 14개월도 채 안 돼 최초 시험비행을 수행할 수 있었다.

N-156F

San Diego Air & Space Museum

N-156 1호기에는 애프터버너가 없는 YJ85-GE-1(최대추력 955kg) 엔진을 장착했고, 2호기에는 애프터버너 장착형 J85-GE-5(최대추력 1,745kg) 엔진을 장착해 초음속 성능을 확보했다. 또한 N-156F는 N-156T와 달리 주익 전연 뿌리 부분에 앞전확장장치(Leading Edge Extension: LEX)를 설치해 양력을 증가시켰고, 높은 받음각(AOA)에서 비행성능을 향상시켰다. 이는 후에 노스롭

의 YF-17과 F/A-18에 광범위하게 사용하게 된다. 또한 전연 플랩을 설치해 기동성을 더욱 향상시켰다.

그러나 미 공군은 여전히 경량 전투기 채택에 관심이 없었으며, 우방국 공여기 개발을 위한 사업도 전무했다. 계획했던 시제기 3대 중 2대 만이 완성됐고 3호기는 부품 활용을 위해 보관 중인 상황이었다. N-156에 관심을 보인 것은 미 육군항공대였다. 미 육군항공대는 지상공격과 근접지원 임무 전용기를 찾고 있었는데 N-156의 신뢰성과 운용 용이성에 깊은 인상을 받은 터였다. 그러나 해당 임무를 수행할 수 있는 고성능의 공중 자원은 당시 편제상 미 공군에 할당된 임무였다. 미군의 자산에 편입되려면 미 공군에 채택되는 수밖에 없었다. 어떠한 군도 일단 이 항공기에 대해 알고 나면 깊은 인상을 받았으나 구매자는 없었고 사업은 중단됐다. 하지만 노스롭은 자신들이 개발한 이 항공기에 자신이 있었다.

우방국의 비포장 활주로를 상정하여 운용성을 시험 중인 F-5A

USAF

다행스럽게도 초도비행 후 3년 쯤 지난 1962년, 미 국방부는 나토와 시토 및 우방국에 현대적인 장비를 제공하는 정책을 본격적으로 재검토하기 시작했다. 그동안 구식이 돼 버린 장비를 경제적인 여유가 없는 우방국에 공여하는 방식을 탈피하는 방안이었다. 이러한 기존 정책은 우방국의 국방 자원을 비효율적으로 사용하는 것이라는 의견에 무게가 실리고 있었다. 또한 케네디 행정부는 "동맹국의 자유"를 지키기 위해서는 어떠한 대가도 치를 각오가 돼 있었다. 때마침 N-156F는 동맹국이 필요로 하는 저가의 경량 전투기 요구도에 부합할 수 있는 유일무이한 미국산 기체였다. 오랫동안 기다려온 노스롭에 기회가 온 것이었다. 해외 동맹국에 현대적 전투 자산을 공여하는 이른바 군사원조사업(Military Aid Program: MAP)이 본격적으로 추진되기 시작했다.

공개경쟁 후보기종은 노스롭 N-156F, 록히드 F-104, LTV F-8 세 기종이었다. N-156F를 제외하고는 경제성을 위해 기존 미군 기체를 개조한 기종들이었다. 결국 MAP 기종 선정은 N-156F로 결론지어졌다. N-156F는 경량 초음속기로 유사한 MiG-17/19에 효과적인 대응이 가능하고 레이다를 탑재하지 않아 기술유출 우려도 제거할 수 있는데다, 가격도 낮출 수 있어 일석삼조였다.

복좌형 F-5B. 단좌형 F-5A 대비 기총이 제거되었으며 이례적으로 단좌기에 비해 전장이 짧아졌다. 땅콩 모양의 익단 연료탱크의 형상에 주의

1962년 10월, 기본 단좌형인 F-5A와 훈련 복좌형인 F-5B라는 미 공군 제식 명칭이 부여되며 개발이 시작됐다. 그리고 F-5A/B에는 오늘날까지도 유명한 '자유의 투사(Freedom Fighter)'라는 별칭이 주어졌다. 공산 진영에 맞서 자유 진영을 위해 싸우는 투사라는 의미였다. 1963년 7월, 이미 보관 중이던 N-156 3번기를 완성해 YF-5A라는 프로토타입으로 최초 시험비행을 실시했다. 노스롭의 시험비행 조종사 '앵슈 토'는 T-38때처럼 순조롭게 시험비행을 실시했다. 개발 또한 순조롭게 진행돼 엔진 추력과 무장 능력 증대 외에는 프로토타입을 거의 손대지 않고 개발할 수 있었다. 우방국의 비포장 활주로 작전을 위해 랜딩기어를 강화하는 개량도 추가됐으나 F-5A는 여전히 다른 기체에 비해 작았다. 현대적인 초음속 기체였으나 자체중량은 F-4에 비해 1/3에 불과했다.

F-5A는 엔진을 J85-GE-13으로 교체하면서 기동성은 N-156F보다 향상됐으며 자체중량이 5,528kg으로 F-86나 T-33 훈련기보다도 경량이었다. 엔진 추력 향상에 따른 공기 흡입량 증가를 위해 공기흡입구가 확대 재설계 됐다. 또한 M39

미공군의 시험 평가 중인 F-5A와 F-5B. 익단에는 비무장, AIM-9, 연료탱크를 혼용 장비하고 있다. USAF

리볼버형 기총 2문을 기수에 고정 무장하고 익단에 2발의 AIM-9 사이드와인더 미사일을 장착해 근접 공중전을 수행하도록 했다. 원래 노스롭은 F-5A에 수색레이다와 관성항법장치를 조합한 휴즈의 'TARAN(Tactical Attack and Navigator)'이라는 레이다를 탑재할 예정이었다. 그러나 F-5A의 주요 고객이었던 중소국 공군에서 저렴한 가격과 정비성/신뢰성을 우선시 해 결국 레이다 장착은 취소됐다. 대신 자이로 컴퓨터식 광학 조준기를 사격통제장치로 채택했고 ARC-34C UHF 통신기, APX-40 방향식별장치, TACAN 등을 장비했다. 전반적으로 신예기로서는 탑재장비 수준이 한국전쟁 당시와 크게 다르지 않은 것이었지만 높은 신뢰성과 정비성을 이룩할 수 있었다. 이 점이 바로 F-5A의 성공비결이었으니 F-5A는 1972년 중반까지 17개국에 818대가 인도됐다.

F-5A 양산에 이어 F-5A 조종사 전환훈련용으로 복좌형 F-5B가 개발됐다. 후방석 추가를 위해 기수부의 기총 2문이 모두 제거됐고 후방석을 전방석보다 25cm 가량 높여 훈련 시 양호한

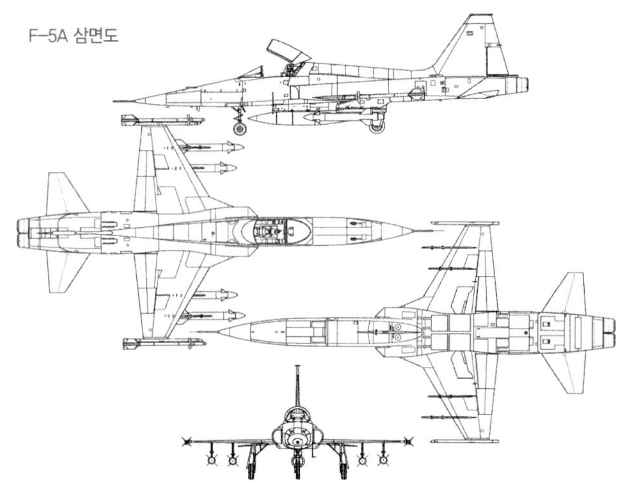
F-5A 삼면도

시계를 확보했다. F-5B는 T-38 동체와 F-5A 주익 및 공기흡입구를 혼합한 복합기체로 탄생했다. 이러한 접근은 프로그램 전반의 효율성을 위한 것이었지만 복좌임에도 불구하고 독특하게도 전장이 단좌형인 F-5A보다도 26cm 짧아지게 됐다. 따라서 연료탑재량이 F-5A 대비 감소했기 때문에 최대이륙중량은 F-5A의 9,333kg에서 9,125kg으로 줄었고 항속거리도 다소 저하됐다. 이와 함께 F-5A의 상징과도 같은 기수부 기총이 모두 제거돼 전체적인 화력이 감소했다. 그 외 엔진과 무장 스테이션은 F-5A와 동일하다. F-5B는 1964년 2월 첫 비행을 했고 1976년까지 총 188대가 인도됐다.

M177 750 파운드 폭탄을 장착하고 시험 평가 중인 F-5B

## 단순한 강력함

N-156과 F-5A의 설계상 중점 사항은 작은 기체에 높은 효율의 소형 엔진을 장착하는 것이었다. J85 엔진은 애프터버너를 포함해도 무게가 570파운드에 불과하나 4,080파운드에 이르는 추력을 제공하면서도 3명이 20분 안에 엔진 제거 및 교체가 가능했다.

항공기 동체 설계에는 나사에서 연구된 '면적 법칙(Area Rule)'이 적용돼 마치 코카콜라 병을 연상시키는 동체 중앙부의 잘록한 형상과 후방 동체로 이어지는 부드러운 곡선을 탄생시켰다. 이는 땅콩 모양의 익단 연료탱크에도 적용돼 공기역학적 효과를 극대화했다. 고효율 엔진과 고효율 기체 설계의 만남이었다.

F-5A의 최우선 과제는 운용유지 단순화였다. 이를 위해 다양하고 직접적인 접근이 단행됐다. 복잡함의 근원을 제거하는 접근 방식으로 복잡한 항전장비를 제거했다. 비행시간당 정비시간은 F-104(48시간)의 절반도 되지 않는 21시간에 불과했다. 높은 가동율은 사소한 부분부터 지상 작업을 단순 용이하게 하는 데서 비롯됐다. 이는 여타 초음속 항공기 대비 커다란 차이점을 낳았다.

안길
한국 공군의 F-5A

총 8대의 F-5A가 시제작 및 비행시험에 사용됐고 양산형 제작은 순조롭게 진행됐다. 1964년 미 전술공군사령부 소속 윌리엄스 공군기지에서 최초 양산기가 인도됐는데 이곳에서 미 공군 조종사와 지상 지원 인원들의 초도 훈련이 이루어졌다. 궁극적으로 이들 미 공군 인원들의 임무는 F-5 공여국 공군 인원들에게 항공기 운용과 정비를 훈련시키는 것이었다. 이후 각국 공군 요원들이 파견돼 훈련을 받을 예정이었으며 이들의 궁극적 임무는 본국으로 귀환해 동료들을 훈련시키는 교관 역할이었다.

윌리엄스 기지에서 F-5A 항공기들은 미 공군 마크를 달고 있었지만, 군사원조사업(MAP) 국가들의 소유 항공기들이었다. 1964년 9월 군사원조사업 국가에 대한 최초의 훈련이 시작됐으며 이란과 한국이 최초의 참여국이었다. 미 군사지원단(US Military Assistance & Advisory Group)도 참여해 우방국들이 항공기 도입과 효과적인 운용을 위해 조언하고 지원하는 역할을 수행했다. F-5B가 훈련에 투입돼 후방석에 교관이 탑승했으며 훈련뿐만 아니라 공격기 역할도 수행이 가능함을 입증했다. 중소 공군의 비포장 활주로 작전 능력 또한 소개되고 훈련됐다. 중소국 공군들은 이 작은 항공기 특유의 효율성, 안정성과 견고함에 깊은 인상을 받았다.

분명히 미군의 주력전투기에 비해 덜 세련되고 성능상의 한계는 있었지만 F-5A는 분명히 운용성, 작전능력, 예산면에서 중소국 공군에 적격인 기체였다. 군사원조사업은 대부분의 중소 공군들에 효과적인 성능을 가진 현대 전투기를 처음으로 운용하는 최초의 기회였기에 공격과 방어 양면에서 과거에는 경험하지 못했던 전력을 제공했다.

항공기 소형화를 추구함에 있어 노스롭의 애로사항은 기존 무장과의 호환성이었다. 기존 파일런과 기총 벨트 등은 F-5A 크기 대비 대형이라 F-5A에 맞도록 재설계해야 했다. 2문의 M39 20mm 기총은 각각 280발의 기총탄을 장비했다.

hunini
M39A2 기총. 문당 280발의 탄환 적재가 가능하다. 발사 후 탄피는 전방동체 하단의 탄피 배출구를 통해 배출된다.

Gulosten

F-5A 조종석. 1세대 전투기의 그것과 크게 다르지 않으며 레이다가 없음을 알 수 있다.

기총의 접근성, 정비성, 장전 등 모든 면에서 간단하고 간편해 요원들은 기총 앞에 선 채로 모든 것에 손쉽게 접근하며 정비를 수행할 수 있었다. '내장(Built-in)' 용이성은 기총의 영점 조준에도 적용돼 최소한의 경험을 가진 인원이 간단한 지원 장비만으로도 수행이 가능했다.

1분당 1,500발의 사격이 가능한 2문의 기총은 항공기 특유의 안정성과 손쉬운 조종성으로 사격의 정확성이 높아 2발의 AIM-9 공대공 미사일과 함께 상당한 화력을 제공했다. F-5B에는 기총이 장착되지 않았지만, F-5A와 같이 7개의 무장스테이션에 미사일, 로켓, 네이팜, 폭탄 등을 6,200 파운드까지 다양하게 장착할 수 있었다.

내부 및 외부 연료 공급은 하나의 인렛을 통해 수분 내에 가능했고, 기체 표면의 ¼이 해치와 패널로 이루어져 지상요원의 접근과 정비가 용이했다. 별도의 시험장비는 최소화했고, 취급이 용이하고 단순했다. 같은 임무를 수행할 수 있는 다른 항공기에 비해 항공기 정비 소요는 최소화됐다. 이러한 최소/최적 디자인은 큰 성공을 이끌어 냈다.

F-5는 자체중량의 50%에 해당하는 페이로드(payload)를 가지고 있어 중량 대 페이로드 비율은 그 어느 동시대의 초음속 전투기보다 높은 것이었다. 또한 공기역학적으로 효율적인 디자인은 제한적인 추력을 내는 작은 엔진으로도 마하 1.4

에 도달하도록 했다. 초음속 능력의 제한은 항공기의 디자인보다는 작은 터보제트 엔진에 있었다. 디자인 측면에서 F-5는 더 많은 속도를 낼 수 있었으나 작은 엔진의 추력 부족은 F-5 시리즈의 영원한 약점이었다. 하지만 F-5의 작은 크기에서 오는 장점 또한 이러한 엔진에서 기인한 것이기에 절충점은 불가피한 특성이기도 했다.

1964~1965년에 걸친 실전배치와 운용평가에서 F-5A는 깊은 인상을 남겼다. 저속 및 고속 기동성의 훌륭한 조합, 우수한 시계, 신속한 반응 속도, 안정성은 근접항공지원과 항공차단 작전에 최적의 항공기임을 거듭 입증했다. 사격 평가에서 85%의 명중률을 기록하고 미 본토와 해외에서 수행된 기존 서방 주력전투기와의 비교 평가에서도 경량 전투기의 차별성과 가치를 성공적으로 증명했다.

1965년 2월 이란 공군이 최초의 F-5A를 인수한 데 이어 같은 해 한국 공군과 4개국 공군이 F-5A를 인수했다. 또한 항공기의 가치에 주목한 비군사원조사업(MAP) 국가에서도 주문이 들어왔다. 1964년 말 노르웨이와 스페인에서 F-5A/B 도입을 결정해 스페인은 자국 내 면허 생산을 결정

IIAF

RNoAF

SAF

RCAF

세계 각국의 F-5A/B. 맨 위부터 이란 공군, 노르웨이 공군, 스페인 공군, 캐나다 공군

했다. 1965년 캐나다도 F-5 구매와 함께 자국 내 면허생산을 추진했다. 뒤이어 매년 새로운 국가가 운용국 명단에 이름을 올렸다.

한국 공군의 RF-5A

한편 중소공군에도 현대식 정찰 임무 전용기에 대한 소요가 강력히 제기되고 기존 RF-84 및 RF-86 대체를 위해 F-5A 정찰형 버전인 RF-5A가 개발됐다. F-5A의 노즈 페어링을 제거하고 카메라를 내장한 정찰형 노즈를 장착하면서도 기본 무장인 기총을 비롯한 F-5A의 무장능력을 그대로 유지해 자체방어 능력 및 임무 유연성을 갖추면서도 F-5A의 간편한 운용성과 신뢰성도 여전히 갖추고 있었다. 정찰형 기수부에는 전방, 하방, 좌우측에 70mm 필름을 사용하는 KS-92 카메라 각각 4대와 카메라 창 서리 방지용 온풍 공급 덕트가 설치됐다. RF-5A는 전천후 정찰능력은 제한됐으나 전용 뷰파인더를 탑재해 중소국가에 귀중한 전술정찰 능력을 제공했고 총 85대가 생산됐다.

Norwegian Aviation Museum

RF-5A의 카메라 노즈 섹션

## 작은 호랑이 : '스코시 타이거'

베트남전은 근접지원기이자 우방국의 주력전투기로서 F-5의 잠재적 능력을 미 공군이 시험할 좋은 실전 기회였다. 1965년 19대의 F-5A는 '스코시 타이거(Skoshi Tiger, 작은 호랑이)'라는 작전명 하에 베트남전 참전을 통한 평가 계획이 결정됐다. '스코시'라는 단어는 일본어로 양을 일컫는 '적은'이라는 뜻으로 사실 잘못된 표기였으나 아시아의 전장에서 맹활약할 맹수를 상징하기에는 부족하지 않았다.

스코시 타이거 작전에 참여할 F-5A 항공기들은 실전 투입 전 미 공군 작전 요구도에 맞도록 개수됐다. 공중급유장치, 후방 동체 하면 강화 장갑, 투하가능 파일런 등이 적용된 개수 항공기는 비공식적으로 'F-5C'라고 명명됐다. 1965년 10월 전선에 투입된 F-5C는 도착하기가 무섭게 수 시

USAF

공중급유 중인 F-5C

간 내에 실전에 투입됐다. 150여 일 동안의 평가 기간 중 3,500 소티와 평균 2,500 파운드의 다양한 무장 장착을 기록했고 대부분 500 또는 750 파운드급 폭탄을 투하했다.

F-5C는 항공차단, 근접지원, 무장정찰, 호위, MIG CAP(Combat Air Patrol: 전투초계비행) 등 다양한 임무를 수행했고 항공기의 안정성, 정확성, 신뢰성은 조종사와 지상요원 모두에게 각별한 인상을 남겼다. 기대치를 상회하는 임무 준비율(Mission Readiness Rate) 기록을 세웠고 작전 말 비행시간당 정비시간은 26.5 시간으로 노스롭이 자체적으로 예상했던 21시간과는 다소 차이가 있었지만 수긍할 만한 기록이었다.

작전 포기율은 극히 낮은 1.5%에 불과했다. 타기종과의 비교 시 F-100D보다 높은 피탄 생존율을 기록했지만 무장탑재량이 F-4의 절반에 불과한 것은 단점으로 지적됐다. 스코시 타이거의 잔존 기체들은 미국으로 귀환하지 않고 남베트남 공군에 공여돼 실전 참가를 계속하게 된다. 미국의 대 남베트남 F-5A 공여는 계속 증강돼 200여대의 기체가 인도됐으며, 베트남전 후기에는 F-5E도 공여된 바 있다. 이들 공여기체 중 일부 20여대는 항모 미드웨이로 괌으로 수송돼 후에 미 해군 가상적기 부대의 사용기체로 재탄생하게 된다.

USAF

F-5C에는 공중급유장치, 투하가능 파일런, 동체 하면 강화 장갑이 설치되었다.

남베트남 공군에 공여된 F-5C. 제23전투비행단 제522전투비행대대 소속. 건너편엔 A-1 스카이레이더가 보인다.

USAF

전반적으로 F-5C의 월남전 운용 결과는 성공적이었다. 작은 크기에 적은 무장량을 가졌지만 이는 신뢰성과 운용성으로 충분히 극복되는 것으로 평가됐다. 스코시 작전의 성공은 노스롭의 고집스러운 집착이 맞았음을 증명했다. 지상에서는 최소의 운용비용으로 최고의 가동률을 기록했고 공중에서는 쉬운 조종성, 안정성, 기동성, 정확성을 조종사들에게 인정받았다.

이러한 성과는 중소국 공군이 실제로 필요로 하는 전투기의 요구도를 충실히 반영한 결과였다. 베트남전의 평가 결과는 제작사인 노스롭에도 귀중한 시험 무대였다. 실전에서의 성적표는 노스롭으로 하여금 실질적인 성능 향상 방향을 제시하는 것이었다. 아쉽게도 공중전에서는 실전 투입 기회가 없어 경쾌한 기동성이 부각되지는 못했으나 경량전투기의 가치가 제대로 주목을 받은 것은 베트남전이 끝나고 10년 이후에나의 일이었다. 아이러니하게도 F-5 개발국인 미국에서 특히 그러했다.

USAF

F-5A의 실전적 평가는 미 공군으로 하여금 F-5를 다시 보는 계기를 마련했고, 항상 의구심을 낳았던 낮은 엔진 추력과 항속거리, 무장탑재력을 개선한 성능 개량형을 고려하도록 했다. 노스롭은 이를 놓칠세라 미 공군의 스코시 타이거 작전 경험과 각 운용국의 현장 운용 경험을 집대성해 개선점을 반영한 개량형 개발 가능성을 독자적으로 타진하기 시작했다. 그리고 1968년 3월, F-5B에 더욱 강력한 J85-GE-21 엔진을 탑재한 성능 향상 시험기체가 공중으로 치솟아 올랐다.

## 작은 호랑이 2세 : F-5E/F 'Tiger II'

자유 진영의 '자유의 투사' F-5A는 공산진영의 MiG-17, MiG-19를 효과적으로 견제하는 효율적인 무기체계로 자리를 굳혀갔다. 그러나 공산 진영의 마하2급 신예기 MiG-21의 대량배치와 함께 성능면에서 상대적인 열세에 놓이게 됐다. 이에 따라 미 공군은 1970년 1월 F-5A/B를 대체하고 보완할 새로운 해외 공여용 전투기 개발을 위한 '국제전투기(International Fighter Aircraft: IFA)' 사업을 공표했다. IFA의 요구사항은 개발비 절감을 위한 기존 전투기의 파생형 개발이었다.

노스롭은 즉시 화답했다. 월남전 교훈을 적용해 담금질한 F-5A에 더욱 강력한 J85-GE-21 엔진을 장착한 개량형 'F-5-21'을 미 공군에 제안한 것이다. 맥도널 더글라스는 F-4E 간이형인 F-4EF, 록히드는 F-104 개량형인 CL-1200, LTV는 F-8 개량형인 V-1000을 제안했다. 1970년 12월 결과는 간단하게 F-5-21의 채택이었으며 5대가 정식 발주됐다.

단좌기에는 'F-5E', 복좌기에는 'F-5F'라는 제식명칭이 부여됐다. F-5A/B 다음으로 F-5C/D가 오는 것이 자연스러운 일이나 비공식 명칭이긴 하지만 스코시 타이거 작전의 'F-5C'가 존재했기에 F-5C/D를 건너뛰고 F-5E/F로 명명됐다. 1971 가을, F-5E/F에는 '타이거(Tiger) II'라는 별칭이 주어졌다. '작은 호랑이' 2세, 즉 스코시 타이거 작전을 기리고 F-5A/C의 후계 혈통임을 상징하는 이름이었다.

F-5E는 여전히 크기는 작았지만 강력해진 성능은 더욱 호랑이라는 명명에 가까웠다. 1972년

USAF

F-5E 롤아웃. 수직미익에 스코시 타이거를 잇는 '타이거 II' 로서의 호랑이 머리가 그려져 있다.

F-5E/F를 위해 개발된 J85-GE-21 엔진. F-5A 의 J85-GE-13에 비해 추력이 23% 정도 강화되었다.

6월 23월, F-5E의 롤아웃이 거행됐고 8월 신속하게 첫 시험비행이 실시됐다. 1973년 4월에는 전환 비행훈련 부대에 배치가 시작돼 각국 조종사의 전환 훈련이 시작됐다. 해외 수출은 같은 해 말부터 시작됐다. 당시까지 F-5A/B는 8여 년간 총 1,100여 대가 생산돼 20여 개국에서 운용되는 대성공을 이룬 터였다. F-5E 운용국은 미국을 포함 20여 개국에 이르며 생산대수는 1,175대로 F-5 계열 중 최대 생산 모델이 됐다. 노스롭의 작은 전투기 시리즈는 커다란 성공을 일궈내고 있었다.

F-5E에는 F-5A 대비 추력이 23%나 향상된 J85-GE-21(최대추력 2,270kg) 엔진을 장착해 최대속도가 마하 1.6으로 증가했고 천음속 영역에서 비행안전성도 향상됐다. 증가된 엔진 추력 중 일부는 항공기 중량 증가로 상쇄됐다.

F-5E의 기체구조는 기본적으로 F-5A와 유사해 우수한 공기역학적 특성을 공유하면서도 성능 향상에 걸맞게 크고 작은 디자인 개수가 이루어졌다. 엔진의 크기가 커지면서 동체 너비는 다소 증가했고 전반적인 기체 디자인이 더욱 현대적으로 다듬어졌다. 공기 흡입구가 대형화되며 재설계 됐으며 전장은 38.1cm 늘어나 연료탱크 용량이 증대했다(F-5A 585갤런, F-5E 698갤런). 동체는 세미 모노코크(semi-monocoque) 구조와 후방동체에 강철과 티타늄이 적용된 것을 제외하고는 기본적으로 알루미늄 리벳 조립 기체였다.

주익은 원피스 구조에 강철 윙립이 적용돼 랜딩기어를 지지하는 구조를 가지고 있다. 주익 스

USAF

F-5E 프로토타입. F-5A 대비 훨씬 세련된 OML(Outer Mold Line:기체외형)을 가지고 있다.

킨은 케미컬 밀링(Chemical milling) 방식을 채택했다. 기체 중량 증가에 따른 익면하중 증가를 상쇄하고자 주익 폭이 중앙부분 기준으로 43.2cm 증가했으며 주익 면적이 9% 확장됐다. 앞전확장장치(LEX) 또한 주익의 1.7%에 해당하던 면적이던 것을 2단각을 주며 4.4%로 키워 높은 받음각에서의 안정성을 더욱 개선했다. 또한 비행 중 중앙비행정보 컴퓨터 신호에 따라 전연 플랩과 후연 플랩 각도를 조절하는 공중전 플랩이 채택돼 기동성이 향상됐다.

기체 구조 강화에 따라 탑재량은 중앙동체 스테이션이 2,000파운드에서 3,000파운드로, 주익 안쪽이 1,000에서 2,000으로, 주익 바깥쪽이 750에서 1,000으로 증가했다. 익단 연료탱크는 동체 연료 탑재량 증가로 폐지되고 공대공 미사일 전용으로만 사용된다.

F-5E의 전투력은 화력통제레이다와 컴퓨터 도입과 함께 진일보하게 됐다. 제한 전천후 능력을 가진 중량 50kg, 탐지거리 37km의 AN/APQ-153 레이다를 채택, GE ASG-29 광학조준기와 연동해 공대공 무장 사격 시 목표물 탐지, 거리측정, 사거리 시현 기능이 추가됐다.

이륙성능 향상을 위한 개량도 추가돼 공기 흡입량 증대를 위한 후방동체의 에어렛이 설치됐고 2단식 노즈 랜딩기어 방식으로 이륙 시 받음각(AOA)이 3도 증가해 엔진 추력 향상과 더불어 이륙 거리 30% 단축을 가능케 했다. 이러한 변화에도 불구하고 F-5E는 F-5A와 치공구의 75%, 예비부품의 40%, 지상지원장비 70%의 공통성을 유지했다.

USAF

시험 평가 중인 F-5E 양산형 항공기

USAF

스핀 테스트를 준비 중인 F-5F 프로토타입 2번기

복좌형인 F-5F는 1974년 9월에 첫 비행을 실시했다. 후방석 신설과 함께 전장이 F-5E 대비 1.2m 연장됐으며 이에 따른 중량 감소를 위해 오른쪽 M39 기총 1문을 제거하고 대신 전자장비 공랭을 위한 일종의 공기흡입구가 설치됐다. 주익 상판에는 비행안정성을 위한 펜스가 설치됐다. 이같은 특징들을 제외하고는 F-5E와 유사한 공대공/공대지 전투 능력을 보유했다. F-5F는 1976년 배치를 시작으로 1986년까지 246대가 생산됐다.

F-5E/F 후기형은 양산 초기형과는 몇 가지 차이점을 보이고 있다. 화력통제 레이다의 탐지거리가 2배가량인 약 65km까지 늘어난 AN/APQ-159 레이다로 교체됐고 상어 주둥이 모양의 이른바 '샤크 노즈(Shark Nose)' 레이돔이 채택돼 높은 받음각 시 측면 안정성이 향상됐다. 또한 비행 데이터에 따라 주익 형상을 자동으로 최적화하는 오토플랩 시스템이 도입돼 기동성이 향상됐다.

세부적으로는 전방동체 내부 전자장비의 재배치로 받음각(AOA) 베인 위치가 기체 우측에서 좌측으로 이동했고 캐노피 후방 프레임 좌측에 여압용 슬롯이 추가됐다. 또한 F-5A/B처럼 수직미익 상단에 T자 모양의 ILS 안테나가 설치됐다. 한국 공군의 KF-5E/F '제공호'가 이러한 후기형에 해당된다.

ROKAF

한국 공군의 F-5E. 대만 공군과 함께 한국 공군은 최대의 F-5E/F 고객이 되었다.

캘리포니아 주 Hawthorne의 노스롭 최종조립라인에서 대량생산 중인 F-5E Northrop

## 날개 돋힌 호랑이

노스롭의 작은 이단아 전투기는 이제 패밀리 계열을 이룰 만큼 다양한 파생형을 낳게 됐고 항공기 생산 중심이 F-5E/F로 이동하며 1973년 말 초도 인도가 이뤄졌다. 1976년까지 노스롭의 T-38 훈련기와 F-5 전투기는 F-5E 생산이 지속되는 가운데 3,000대 생산을 넘겼다. T-38 생산은 미 공군에 1,189번째 항공기를 인도하며 1972년 막을 내리게 된다. 이후에도 17년 동안이나 F-5E/F 계열 생산이 계속돼 1989년 최후의 F-5F가 싱가포르 공군에 인도되며 생산중단을 맞게 됐다. 이때까지 T-38과 F-5 계열은 3,806대라는 역사적인 양산 대수를 기록하면서 항공산업 역사의 걸작기로 불리기에 손색이 없게 됐다.

F-5E/F 계열은 날개 돋힌 듯 팔려나가 F-5 시리즈 중 가장 많은 판매 대수를 기록했다. F-5E/F는 제한적인 경제력의 국가들에 비교적 저예산으로 현대적인 공군력을 건설할 수 있도록 초석을 마련한 기체였다. 기존 군사원조사업(MAP) 공여국 외에 상당수 국가들도 F-5E/F를 도입했다. 그 중 사우디아라비아 공군은 보다 세련된 항전장비를 채택해 관성항법장비(Inertial Navigation System: INS), 레이다 경보장치(Radar Warning Receiver: RWR), 채프/플레어 장비, 메버릭 공대지 미사일을 탑재해 진일보한 성능을 갖췄다.

양산 중인 F-5F Northrop

이렇게 F-5A부터 발전해 온 F-5E에 대한 전문가들과 미 공군의 인식은 복합적이었다. 경량 전투기의 장점은 널리 인지되면서도 미 공군 발주는 전혀 없었다. 미 공군 지휘부는 F-5E 또한 여전히 추력이 부족한 기체라는 인식이 분명했고 F-5E/F 시리즈의 우수한 조종성과 기동성은 부각되지 못했다.

미 공군을 비롯한 이러한 항공 전문가들의 인식은 F-5 시리즈의 일생을 통해 꼬리표처럼 따라다녔고 월남전 중 미 공군의 실전운용을 통해 입증된 F-5의 장점은 충분히 주목받지 못했다. 대형 레이다와 중거리 미사일을 탑재하고 강력한 엔진과 고속 성능을 가진 전투기가 공중전을 지배할 것이라는 인식 속에서 F-5 시리즈가 설 자리는 없었다.

하지만 월남전과 중동전에서의 공중전 양상은 달랐다. 전문가들의 예상과는 달리 장거리 및 고속에서의 미사일 요격 전투는 거의 일어나지 않았다. 오히려 중저속에서의 근접전이 공중전의 주를 이루었고 미 공군의 대형 전투기들은 구식 경량급 미그기들을 상대로 난전을 치렀다. 사실 근접전이라면 공중에서 F-5를 만만히 볼 상대는 거의 없었다. F-5E/F 시리즈는 현역 미군 기체들 중에서는 찾아 볼 수 없는 독특한 기체였고, 사실상 유사한 항공기는 소련의 MiG-21이었다. MiG-21은 근접공중전에서 미군기에 강력한 선방을 날린 기체로 크기, 비행특성 등 거의 모든 면에서 F-5E와 비슷했다. 다만 강력한 엔진을 탑재해 마하 2급의 고속 성능을 가진다는 것이 F-5E 대비 차이점이자 강점이라고 할 만 했으나, 이 또한 F-5E의 전자장비 및 무장 신뢰성으로 만회돼 사실상 두 기체는 거의 호각수라고 할 수 있었다(두 기종의 구체적인 성능 비교는 F-5 한국 공군 운용에 대한 내용 참조).

USAF

미공군 4477 전술평가대대의 MiG-17, MiG-21과 평가 비행 중인 F-5E

세계시장에서 F-5E/F 시리즈 인기는 경량전투기로서의 가치를 새삼 입증하며 중소국 공군력을 빠른 속도로 증강시켰다. 비 군사원조사업(MAP) 국가들도 F-5E/F를 도입했고 스위스, 대만, 한국에서는 면허생산을 결정하기도 했다. F-5E/F는 F-5A/B의 성공을 승계하면서도 그 단점을 보완하며 서방측 주력 전투기로 자리를 잡

Swiss Air Force

스위스 공군의 F-5E. 대만 및 한국과 함께 F-5E/F를 면허생산한 국가이며 이들 기체는 후에 미 해군의 가상적기로 활용된다.

아갔다. 여전히 손쉬운 운용성, 경제성, 신뢰성은 여타 미국산 전투기에서는 찾아 볼 수 없는 독특한 강점으로 아시아, 남미, 중동 중소국 공군들에 현실적인 전력지수 상승을 가져다주었다.

F-5E/F 도입을 통해 자유 진영의 공군 동맹은 더욱 강화됐다. 이는 당시 소련과 그 위성국가들에 대량 배치됐던 MiG-21을 연상시켰다. F-5 시리즈는 뜻밖에도 유럽 국가들에도 다수 도입됐는데 스위스, 네덜란드, 노르웨이 등의 경우는 경제적 요인이 아닌 것이었다. 직접적 안보 위협이 덜한 이들 국가들은 복잡하고 값비싸고 운용비용이 많이 드는 대형 전투기보다는 실제 필요한 임무를 무난히 소화할 수 있는 F-5 시리즈가 현실적인 선택지였다. F-5 시리즈를 운용한 유일한 공산권 국가가 있었으니 바로 북베트남이었다. 남베트남 패망 이후 F-5E를 포함한 87대의 F-5 시리즈를 넘겨받은 북베트남은 중국과의 국경분쟁에서 F-5를 작전에 투입한 것으로 알려진다.

## 호랑이의 눈 : RF-5E

F-5E 파생 정찰형에 대한 사우디아라비아 공군과 싱가포르 공군의 소요 제기로 F-5E의 레이돔을 제거하고 교체형 정찰 노즈 섹션 장착을 통해 정찰형으로 개조가 이루어졌다. RF-5A와 유사하게 KS-92 카메라를 KS-121A로 변경한 간이 정찰형과, 기수부를 완전 재설계해 정찰 전용기로 새로 개발한 RF-5E '타이거 아이(Tiger Eye, 호랑이 눈)' 두 종류로 나뉜다.

정찰형은 일단 공대공 미사일 무장을 그대로 유지하고 있어 자체 방어가 가능했다.

RF-5E 타이거 아이는 기수를 약 20cm 연장하고 기수 하단에 V자 형상의 투명창을 설치했으며, 우측 기총을 제거하고 전자장비를 이전 설치했다. 이러한 신규 설계로 RF-5A 대비 카메라 용적이 90%까지 확대됐다. 정찰장비는 전용 팰릿에 탑재돼 임무에 따라 다양한 장비 조합이 가능해 일반적으로 저고도용 KA-56E, 중

RF-5E

USAF

고도용 KA-95B, 고고도용 KA-93을 탑재하며, 정찰용 카메라인 LOROP(Long Range Oblique Photography)이나 적외선 스캐너도 장비했다. 또한 TV 카메라를 사용한 뷰파인더를 채택했고 APN-229 전파고도계와 LN-33 관성항법장치를 표준장비로 탑재해 RF-5A 대비 성능이 크게 향상됐다. 제작사에 의하면 RF-4C 대비 90%의 임무수행 능력을 보유하면서도 획득가격과 운용비용이 훨씬 낮다.

1978년 F-5E양산 4호기 개조를 시작으로 1979년 1월 첫 시험비행을 실시했다. 첫 고객인 말레이시아가 2대를 주문했고 사우디아라비아가 10대를 구매하면서 12대가 제작됐고, 싱가포르가 기존 F-5E 8대를 RF-5E로 개조했다.

### 적군 같은 아군 : 가상적기

F-5 시리즈는 미군의 작전기로 정식 채택된 바는 없지만 미 해군 및 공군의 가상적기로서 운용됐다. 미군의 전통적인 공중전 훈련은 대부분 같은 아군 기종 간 훈련으로 구성돼 있었으나 실전에서의 유효성에 의문을 제기하며 개발된 개념이 이기종간 공중전투전술(Dissimilar Air Combat Tactics: DACT)이었다.

전향적으로 DACT를 최초 도입한 미 해군은 이른바 '탑건(Top Gun)'이라 불리는 전투기 무기 학교(Fighter Weapons School)를 설립, 실전에 최대한 가까운 훈련환경에서의 공중전 훈련을 목표로 했다. 실전같은 훈련환경 설정 요인 중 가장 중요한 것은 적기와 가장 유사한 항공기였는데 F-5 시리즈는 소련의 경량 미그기들을 모사하는 데 적격이었다. 특히 F-5E/F는 소련과 공산권의 주력 전투기 MiG-21을 모사하는 데 최적의 항공기였다.

남베트남이 패망하면서 잉여물자로 남겨진 70여대의 F-5 시리즈는 미 해군 탑건과 미 공군 가상적기 부대인 넬리스 어그레서(Aggressor) 부대에 배치돼 가상적기로서 새로운 임무를 맡았다.

미공군의 가상적기(Aggressor) F-5E.
도장 패턴이 MiG-21을 모사했다.

USAF

미 공군의 F-15C와 가상적기 F-5E. "날으는 테니스 코트"라는 별명의 F-15C와 "날으는 면도날"이라는 별명의 F-5E의 크기 차이를 실감할 수 있다.

미 해군 탑건과 미 공군 레드 플래그(Red Flag) 훈련에 투입된 F-5는 선발된 조종사들이 조종하는 최일선 최신예 전투기와 자웅을 겨루는 흥미로운 실험에 투입됐고, 공중전 과정은 전자적으로 기록되고 평가됐다.

그 결과는 자못 흥미로운 것이었다. F-14와 F-15 등 미군의 최신예 전투기들은 분명 F-5E/F 대비 전자장비, 비행성능, 무장 등 거의 모든 면에서 월등한 성능을 자랑하는 기체들이었다. 그렇기에 이들은 F-5 대비 우월한 격추 교환비를 기록했으나 근접공중전에서 격추 교환비 차이는 근소한 것이었다. 오히려 항공기 구매 가격을 적용한 경제적 측면에서 격추 교환비는 극적으로 다른 결과를 나타냈다. 이러한 결과는 F-5 시리즈의 '가성비'를 증명했고, 이 독특한 특성의 항공기에 대한 오랜 편견을 불식시키기에 충분했다.

### 탑건 : 'MiG-28'

1986년 개봉, 공전의 히트를 기록했던 항공 영화 〈탑건〉에서 영화 도입부와 마지막 장면에서 등장하는 비중 있는 조연이 "배드 가이(Bad Guys)" 'MiG-28'이다. 물론 MiG-28이란 기종은 존재하지 않는 가상의 기종으로 실제로는 F-5E/F였다. 이 기종이 실제로도 미 해군 탑건 스쿨에서 가상적기 역할로 운용됐기 때문에 미 해군의 전폭적인 지원을 받은 이 영화에 투입된 것이다. 영화 상에서는 F-5E/F에 '다크

영화 '탑건'에서 MiG-28 대역을 맡은 미 해군 가상적기 F-5E/F와 조종사들

US Navy

미 해군 VFC-13 'Fighting Saints'의 F-5F 가상적기(Adversary). 검정색 기체 도장과 붉은 별로 영화 '탑건'의 MiG-28 대역을 맡았다.

포스'가 물씬 풍기는 검정색 도장에 소련의 붉은 별 도장을 한 채 등장했다(실제로도 이와 유사한 도장의 미 해군 가상적기 대대가 존재한다). 당시 영상 기술로는 가상으로 적기를 묘사하는 데 한계가 있었고, 소련의 실제 전투기를 촬영에 동원할 수도 없는 상황이었다. 하지만 현실에서도 F-5E/F가 소련의 MiG-21을 가장 근접하게 모사하는 기종이기에 실제에 가까운 캐스팅이기도 했다.

영화 속에서도 담당교관이 가상적기로 사용되는 F-5E/F에 대해 "F-5는 MiG-28처럼 300노트 이하에서는 에너지 손실이 없다(The F-5 doesn't bleed energy below 300knots like the MiG-28)"는 대사가 나온다. 이는 MiG-21과 비교시 사실에 가깝다(본문 79페이지 참조). 영화에서 MiG-28(F-5E/F) 조종사 카메오로 출연했던 미 해군 조종사들 중 일부는 미군 지휘부로 영전했다. 그 중 제임스 윈펠드 대위는 북미항공우주방위사령부(NORAD) 사령관을 거쳐 합동참모차장으로 영전했고, 주인공 매버릭(탐 크루즈 분)에게 "외교관계(Foreign Relations)"손가락을 먹었던 MiG-28 조종사는 태평양사령관까지 영전한 로버트 윌러드 소령이었다.

Movie Clip

Dave Baranek

F-20 시제 1호기(전방)와 2호기

USAF

## 범상치 않은 '범상어' : F-20 'Tigershark'

### *'중간급 전투기'와 청출어람 : F-5G*

1970년대 이후 소련 전투기들이 더욱 고성능화 되면서 특히 MiG-23과 MiG-27같은 신예기는 물론 후기형 MiG-21F들이 공산진영에 배치되기 시작했다. 당시 미국 최신예기인 F-15나 F-16은 소련의 고성능기들에 대응할 수 있는 충분한 성능을 가지고 있었지만 이스라엘, 일본, 사우디아라비아 같은 미국의 1급 우방국에만 수출이 허가됐고, 한국과 대만 등을 위시한 2급 우방국들에는 군비경쟁과 기술유출 등의 우려로 수출이 불허된 상황이었다.

자유진영 중소국의 주력이었던 F-5E/F의 성능으로는 소련 신예기들을 대응하기가 어렵다는 판단 하에 당시 카터 행정부는 '중간급 국제 전투기(Intermediate International Fighter: IIF)' 사업을 추진했다. 여기서 말하는 '중간급' 전투기란 성능이나 가격 측면에서 미국의 주력전투기인 F-15나 F-16 등보다 낮고 F-5E/F보다는 높은 정도의 전투기를 일컫는 것이었다. 중간급 전투기는 인접국가와의 마찰이나 군비경쟁을 초래하지 않을 정도의 적정한 성능을 가질 것이 요구됐다. 또한 비교적 단순한 기체로 미 공군의 직접적인 지원 없이도 중소국가가 운용하기 손쉬워야 한다는

조건이 달려 있었다. 카터 행정부가 내건 중간급 전투기 사업의 5가지 구체적인 조건은 다음과 같았다.

1. 1980년대 및 1990년대 초에 예상되는 적 항공 공격을 방어할 수 있을 것
2. 주변국과 마찰이 없도록 제한적인 항속거리와 무장탑재능력을 가질 것
3. 미 공군 주력전투기보다 가격 및 운용 유지비가 저렴할 것
4. 미 정부 보증이 없이도 자력 판매가 가능할 것
5. 미 정부 허가에 따라 단계적인 성능향상이 가능할 것

이같은 조건은 높은 사업 리스크를 동반하는 것이었으나, 이미 군사원조사업(F-5A/B)과 국제전투기사업(F-5E/F) 사업으로 이어진 'F-5 패밀리'의 거듭된 성공으로 일종의 틈새시장에 자신감을 가지고 있었던 노스롭은 중간급 전투기 사업 전부터 F-5E/F의 후속기를 준비해 오고 있었다. 군사원조사업(MAP) 사업 후반부터 국제전투기(IAF) 사업을 대비해 자체적으로 F-5A/B 개량형인 F-5E/F를 미리 개발해 '준비된 자의 성공'을 맛보았던 노스롭이 F-5E/F 대체기 시장을 미리 준비한 것은 그리 놀라운 일이 아니었었다.

Northrop

수직상승하는 F-20 시제 3호기

U.S. National Archives

F-20의 전방 동체는 F-5E 대비 대형화되어 최신 레이다와 항전장비를 수납할 수 있도록 했다. 기총 탄환 적재량도 증가하여 M39A2 기총 1문당 450발 탑재가 가능해졌다(F-5E는 280발).

F-5 시리즈가 소형 경량 전투기임에도 불구하고 초음속 전투기로서 대성공을 거둔 것은 높은 추력 대 중량비의 소형 엔진 J85 엔진을 채택했기 때문이었다. 한편으로는 F-5 시리즈의 한계도 여기에 있었다. 항공기의 항공역학적 잠재력에 걸맞지 않는 부족한 추력은 F-5 시리즈를 항상 그림자처럼 따라다니는 꼬리표 같은 것이었다. F-5의 잠재적 비행성능을 최대한 뽑아낼 수 있는 엔진으로의 교체를 통한 근본적인 체질 개선이 아니고서는 고성능의 소련 전투기들을 능가할 수는 없어 보였다. 따라서 노스롭은 F-5의 엔진 교체를 최우선 과제로 삼고 1974년부터 F-5X라는 프로젝트명으로 단발 및 쌍발의 25가지 엔진 장착을 검토한 결과 1977년 F-4에 사용된 J-79 엔진을 채택하기로 했다.

하지만 J79 엔진은 중량만 1톤이 넘었기 때문에 자체중량 10톤 안팎의 고성능 경량 전투기를 만들어 내는 데 분명한 한계가 있었다.

그러던 중 떠오른 기발한 아이디어가 당시 신세대 터보팬 엔진인 F-404였다. 노스롭은 이미 진행 중이던 F/A-18에 개발 사업에 40%의 지분

Northrop

F-404 엔진

Northrop

F404 엔진의 탑재는 그동안 지적되어온 F-5 시리즈의 추력 부족을 일거에 해소하며 혁신적인 성능 개선을 불러왔다

으로 참여 중이었기 때문에 최신형 엔진이라도 수급 면에서 크게 어려움이 없었다. 가볍고 효율적이며 17,000 파운드급의 추력을 내는 F-404 엔진을 장착하면 F-5G는 마하 2급의 전투기로 단숨에 탈바꿈할 수가 있었다.

추력중량비는 거의 1.2에 가까워졌고 무려 70%나 추력이 증가했음에도 연료소비량은 오히려 9% 감소해 연료탑재량을 크게 늘리지 않고도 항속거리를 증가할 수 있었으며, 대폭적인 중량증가를 막을 수 있었다. 그야말로 F-5 시리즈의 숙원이요 청출어람이었다. 이에 따라 노스롭은 1978년 6월 F-5X 엔진으로 F-404를 채택하기로 최종 결정하고, 같은 해 8월에는 'F-5G'라는 내부 프로젝트로 신형 전투기에 대한 구상을 확정했다.

F-5G라는 명칭은 알파벳 순서대로 F-5E/F 후속기라는 의미도 있었지만, 이 신예기의 최초이자 최대 잠재 고객인 대만 공군을 의식한 것이었다. 대만은 상승일로를 걷고 있던 중국의 공군력에 대응하기 위해 F-16 도입을 간절히 원하고 있었으나, 중국을 자극하지 않고자 하는 미 행정부의 정책으로 도입이 불가한 상황이었다. 이러한 와중에 F-5E/F의 후속기라도 개발된다면 즉시 도입하겠다는 의사를 통보하고 있었다. 따라서 F-5G라는 명칭은 "그저 F-5E의 개량형"이라는 메시지로 아무런 제약 없이 항공기를 판매하고 그 환골탈태에 가까운 고성능을 감추기 위한 것이었다.

Northrop

이름 그대로 범상어를 연상시키는 F-20의 실루엣. 기총이 상어의 눈과 같다

대만 공군의 F-5E

대만 공군은 F-5E/F의 최대 운용국이자 면허 생산국으로 적어도 200여 대의 F-5G를 판매할 수 있는 시장이었다. 우선적으로 대만 공군에 채택돼 발판을 마련하고 더욱 성능을 개선해 중간급 전투기 사업에 채택된다면, 그야말로 F-5시리즈의 영광을 다시금 재현할 수 있을 것으로 보였다. 대만 공군은 F-5G 개발 간접 파트너이자 일종의 '스폰서'로서 공군 요원들을 파견해 요구성능을 전달하고 개발비를 투자하는 등 적극적인 공세를 취했다. 이러한 대만 공군의 요구사항을 적극 수용해 AIM-7 스패로 중거리 공대공 미사일 2발을 장착하고 레이다 화력통제장치(Fire Control System: FCS) 또한 고성능을 갖춘 웨스팅하우스사의 WX-200(이후 AN/APG-66) 또는 에머슨사의 신형 레이다 화력통제장치를 탑재할 예정이었으며 개발 작업도 순조롭게 진행됐다.

그러나 미 국방부는 수출용 전투기의 AIM-7 장비를 금지하는 지시를 내렸고, 이에 따라 F-5G의 레이다 화력통제장치는 현용 F-5E의 AN/APQ-159만으로 충분했다. 결과적으로 노스롭은 F-5E 전방동체를 그대로 두고 엔진만 교체하기로 하는 등 설계를 변경해 1979년 3월 항공기 외부형상(Outer Mold Line: OML)을 확정하고, 동년 10월 미 공군의 규격 심사를 통과하며 F-5G 사업의 출사표를 던졌다.

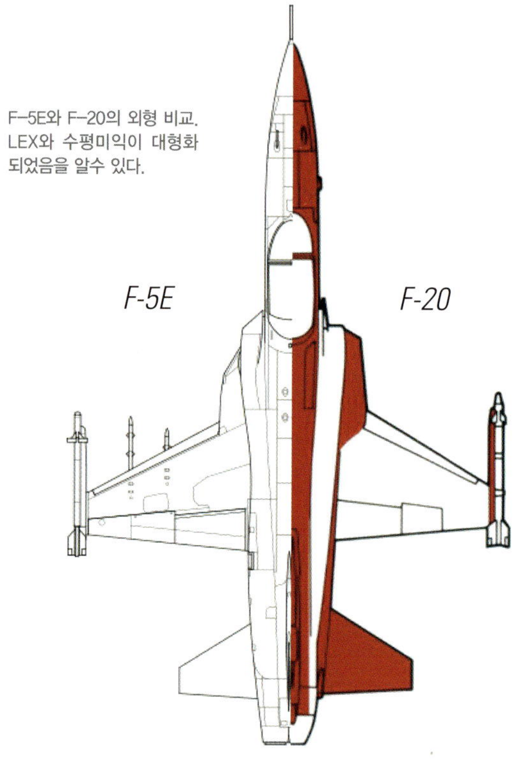

F-5E와 F-20의 외형 비교. LEX와 수평미익이 대형화되었음을 알수 있다.

### 창씨개명과 F-20 : 이제는 말할 수 있다!

모든 일이 순조롭게 진행되면서 중간급 전투기 사업은 F-5 시리즈의 세 번째 성공으로서 노스롭의 품에 안길 것만 같았다. 중간급 전투기의 5대 조건에 부합하기 위한 리스크 또한 컸으므로 이렇다 할 경쟁업체도 없을 듯 했다.

그러나 강력한 복병이 나타났다. 바로 미 공군의 주력전투기이자 최신예기로 각광받던 F-16이었다. F-16 제작사 제너럴 다이내믹스(General

F-16/79

USAF

Dynamics, 이하 GD)가 F-16 엔진을 F-100에서 J79로 교체해 전반적인 성능을 다운그레이드 시킨 F-16/79를 제안한 것이었다. 한 마디로 '최신예 F-16 다운그레이드형 대 구식 F-5 업그레이드형'의 경쟁구도였다. 다운그레이드는 업그레이드보다 쉬워 F-16/79 개량 작업은 빠르게 진행됐고 노스롭은 오히려 쫓기는 입장에 처하고 말았다. 1980년 10월 F-16/79가 첫 비행을 하는 와중에 F-5G 1호기는 1981년 1월부터 제작에 들어갔다.

그러던 중 1982년 1월, 노스롭에 비운의 그림자가 드리워지기 시작했다. 새로 집권한 레이건 행정부가 대만에 대한 무기수출 금지조치를 내렸기 때문이었다. 비록 카터 행정부의 5가지 제한조건에 따라 개발되는 중간급 전투기이기는 하나 F-5G의 고성능을 알아챈 중국정부의 강력한 항의에 따라 레이건 행정부는 F-5G의 대만 판매도 금지시켰다. 이는 노스롭과 F-5G 사업에 결정적인 타격이었다. 당장 판로가 막히고 이후 개발비용은 전적으로 노스롭이 부담해야 했다. 가뜩이나 F-16/79와의 경쟁에서 시간에 쫓겼던 F-5G로서는 더욱 불리한 상황이 형성되고 있었다. F-5G 도입이 가로막히자 대만 공군은 국산 전투기 개발을 결심하고 1982년부터 경국전투기 IDF(Indigenous Defense Fighter) 개발에 착수했다.

F-20 시제 1호기의 롤아웃

Northrop

F-20 사업의 대변인으로 고용된 척 예거 장군은 F-20을 가장 훌륭한(Finest) 전투기로 평가했다. 현대적인 이미지 고취를 위해 F-20과 예거 장군의 스포츠카가 함께 찍은 사진

또 하나 노스롭에 드리워진 비운의 그림자는 바로 레이건 행정부의 미군 일선 고성능 전투기의 수출 제한 폐지였다. 이전 카터 행정부와는 달리 강한 군사력으로 공산진영을 굴복시키겠다는 보수 정권이었던 레이건 행정부는 자유진영이 고성능 전투기로 무장을 하는 것이 이러한 목적에 부합한다는 판단을 내렸다. 따라서 1급 우방국에만 수출됐던 F-15와 F-16 등 1급 전투기들도 제2급 우방국에도 수출이 가능해진 셈이었다. 이는 노스롭에 잠재 F-5G 시장에서 '고삐 풀린 F-16'과의 정면대결을 의미했다. F-16과 동등 또는 그 이상의 경쟁을 하려면 고성능의 레이다 화력통제장치, 최신 항전장비와 무장 운용능력을 최단 시간 내에 그것도 자체비용으로 개발해야 한다는 뜻이었다. 일선 미군 전투기의 해외수출이 가능해짐에 따라 F-16/79와 F-5G에 대한 우방국 공군들의 관심은 F-16으로 대거 쏠렸고, 중간급 전투기 사업도 흐지부지됐다.

일이 이렇게 된 이상, F-5G라는 이름으로 고성능을 더 이상 감출 필요가 없었다. F-16과의 경쟁에서는 오히려 구식 전투기라는 인상만 줄 뿐이었다. 기존 F-5 시리즈와는 전혀 새로운 고성능 전투기라는 인상을 주기 위해서는 전혀 새로운 이름이 필요했다. 1982년 11월 노스롭은 미 공군의 허가를 얻어 F-20 이라는 제식명칭을 부여받게 됐다. 또한 F-5G 연구과정에서 개발돼 F-5E/F 후기형에도 적용된 일명 '샤크 노즈(Shark Nose)'라고 불리는 상어 주둥이 모양 레이돔이 대형화되며 상어를 연상시키는 기체 형상으로 '타이거샤크(Tigershark, 범상어)'라는 별칭도 부여된다. 또한 1974년 경

현대적인 이미지 각인을 위해 메탈릭 BMW 그레이로 도색한 F-20. 스포츠카를 보는 듯한 경쾌함과 매끈함이 돋보인다.

U.S. National Archives

Northrop

AIM-7F 스패로우 미사일을 발사하는 F-20. 당시에는 F-16도 갖지 못했던 중거리 미사일 운용능력이었다.

량전투기(Light Weight Fighter: LWF) 사업에서 YF-17이 YF-16에 패배한 이유 중 하나는 YF-16의 산뜻하고 경쾌한 도색에 비해 칙칙했던YF-17의 검정색/은색 조합 도색이라고 판단한 노스롭은 시제 1호기는 스포츠카를 연상시키는 원색의 빨간색과 흰색으로, 시제 3호기는 노스롭의 사장이 타던 BMW 차량의 메탈릭 BMW 그레이(Metallic BMW Grey) 색으로 도장해 현대적인 이미지를 창출하려고 노력했다.

F-20은 미국의 제일선 전투기, 특히 F-16에 비교해도 손색이 없는 고성능 전투기로 개발됐다. 주익 강도를 높여 한계하중을 9g(F-5E는 7.33g)까지 높였고, 앞전확장장치(LEX)도 W56 LEX를 적용해 면적이 1.6% 증가한 반면 양력은 12% 증가했다.

조종석은 당시 F-14나 F-15, F-16 초기형에 비해 앞서 있던 F/A-18급 최신 글래스 칵핏을 채택해 상황인식능력을 향상시켰으며, 캐노피의 투명부분 면적이 45% 증가해 후방시계 또한 크게 향상됐다. 레이다 화력통제장치는 F-16이나 F/A-18에 필적하는 AN/APG-67을 장착해 AIM-7과 AIM-120을 운용할 수 있게 됐다. F-5A의 기수가 너무 작아 레이다를 탑재하지 못했던 것을 생각해 보면 격세지감이 아닐 수 없었다.

경량 전투기의 날렵함을 보여주는 F-20의 정면 기동 모습

USAF
당대 최고 수준의 F-20 글래스 칵핏

Northrop
한 마리의 상어를 연상시키는 F-20

무장으로는 F-5시리즈의 상징과도 같은 M39A2 기총을 2문 장비하면서도 기수 부피가 다소 커지면서 1문당 탄약 탑재량이 450발(F-5E는 280발)로 늘어났다. 무장 스테이션 위치나 개수는 변하지 않았으나 기체 강도 증가로 탑재허용중량은 F-5E의 3.2톤에서 약 4.5톤까지 늘어났다. 일반형 F-5E/F가 탑재하지 못했던 AGM-65 공대지 미사일 시리즈는 물론 각종 레이저 유도폭탄과 다중폭탄 장착대(Multiple Ejector Rack, MER)를 탑재할 수 있었으며, 당시 F-16이 탑재하지 못했던 AGM-84 하푼(Harpoon)도 운용이 가능해 전천후 공대함 작전능력도 갖추게 됐다.

비행성능 또한 양호한 기동성을 가졌던 F-5E보다도 월등히 향상되고 대응 적기로 상정된

Northrop
F-5E 대비 더욱 대형화된 LEX와 공기 흡입구

Northrop
상어 주둥이와 눈을 연상시키는 기수부. 대형화와 재설계를 거친 샤크 노즈는 기체 안정성을 더했다.

Northrop
넓은 후방시계를 제공하는 파노라마 캐노피.

F-20 삼면도

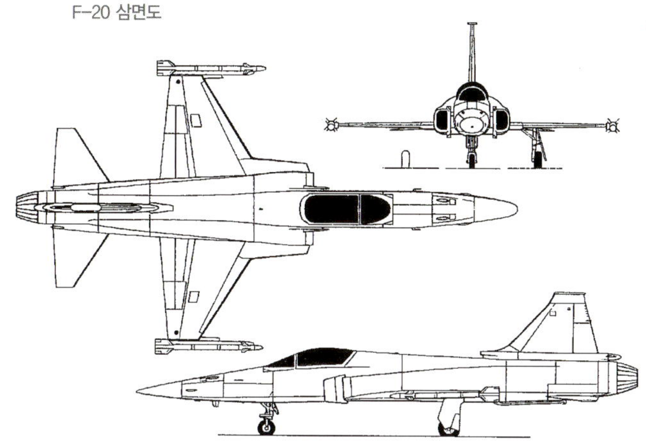

MiG-23을 압도했다. 유지선회율도 초당 15.25도이며 선회반경도 970m(F-5의 1.5배에 해당)에 불과한 반면 유지선회율이 초당 10.6도, 선회반경이 1,678m인 MiG-23을 크게 능가했다. 180도 선회에 F-20은 불과 11초가 소요되나 MiG-23은 16.8초가 소요됐다. 이는 F-16에 필적하는 비행 성능이었다.

이렇게 일류급의 성능을 지니면서도 F-20은 경량 전투기의 장점인 신뢰성과 신속한 긴급발진 능력을 유지하고 있었다. 고성능과 신뢰성을 모두 갖춘 것은 F-20만이 가진 독특한 강점이었다. F-20은 엔진시동에 16초, 자이로 얼라이먼트에 22초만 소요되기에 긴급출격에 제격이었다. 출격 명령이 떨어지면 52초 후 브레이크를 풀고 활주를 시작하며 조종사 탑승 후 2.5분 이내에 M.093까지 가속해 32,000ft에 도달할 수 있고, 모기지에서 13마일 떨어진 곳에서 레이다를 작동시킬 수 있었다.

## 한국에서의 추락과 미 공군 방공전투기 사업

F-20의 고성능과 독특한 장점에도 불구하고 F-16과의 경쟁은 만만치 않았다. 당대 최신예 전투기이자 미 공군의 주력 전투기라는 위치를 선점한 F-16에 대한 동맹국들의 관심은 뜨거웠다. F-16은 혁신적인 기술 수준, 항공기 구조 및 사업 등 모든 측면에서 F-20보다 높은 잠재력을 가진 기종이었다. 대만과 함께 F-5 시리즈 최대 고객이었던 한국 또한 F-16의 도입에 관심을 가지고 미국의 수출 승인을 받아둔 상황이었다. 그러나 한국 시장을 절대 놓칠 수 없었던 노스롭은 적극적인 F-20 판촉활동에 들어갔다. 1984년부터 F-20의 최초 시범비행 세계일주가 시작됐고, 그 마지막 방문국이었던 한국에서 F-20 시제 1호기가 시범비행 중 추락하는 사고가 일어나 기체는 전소되고 조종사는 사망하고 말았다.

사고는 1984년 10월 10일 공군 제10전투비행단에서 일어났다('트리플 10 사건'이라고도 한다).

Youtube Clip

수원기지 이글루 뒷편으로 배면 추락하는 F-20

노스롭의 방공전투기 사업 제안. AIM-120 암람 공대공 미사일 운용 능력을 암시하고 있다.

추락 원인은 배면 비행 중 실속에 의한 것이라고 했으나 조사 결과, 노스롭 시험비행 조종사였던 대럴 코넬(Darell Cornell)이 일명 G-LOC(G-induced Loss of Consciousness), 즉 중력가속도에 의한 의식상실에 빠진 것으로 밝혀졌다. 다시 말해 항공기의 기동 성능이 매우 우수해 조종사가 기절하면서 추락했다는 것을 의미했다. 레이건 행정부의 대만 무기 금수조치와 미국 일선 전투기 해외 수출 승인에 이은 세 번째 비운이었다. 이로써 F-20의 한국 공군 도입 타진은 백지화됐다. 설상가상으로 이듬해인 1985년 6월 14일 캐나다에서 시범비행 예행연습을 하던 시제 2호기마저도 추락하는 사고가 발생했다. 거듭된 추락으로 노스롭은 절체절명의 위기에 빠졌다.

그러나 위기의 F-20 앞에 마지막 기회가 가시권에 들어왔으니 바로 미 공군 방공전투기(Air Defense Fighter: ADF) 사업이었다. F-106 방공전투기를 대체하기 위한 이 사업에서 경량 전투기의 우수한 긴급발진 특성과 일류급 가속/상승 성능, 중거리 미사일 운용 능력 등 방공전투기로서의 장점을 두루 갖춘 F-20은 방공전투기로서 적격으로 보였다. 이 사업의 또 다른 유력 경쟁자는 역시나 F-16 이었다. 노스롭은 수출형을 포함해 4년간 396대의 F-20을 발주한다면 대당 1,500만 달러의 고정 가격으로 공급할 수 있다고 미 공군에 제안했다. 당시 F-16 가격이 1,800~2,000만 달러 선이었기에 상당히 공격적인 제안이었다.

F-20은 일류급 성능과 경량 전투기의 효율성을 한 몸에 갖춘 특별한 포지셔닝의 전투기였다.
시제 1호기(좌) 대비 부피가 커진 시제2호기의 전방동체와 캐노피에 주의

U.S. National Archives

Northrop

AGM-84 하푼 운용능력까지 갖추었던 F-20. AIM-7과 함께 당시의 F-16이 갖추지 못했던 능력이었다.

GD사는 즉각적인 반격에 나섰다. F-16C 레이다 화력통제장치를 F-16A용 AN/APG-66으로 변경하고 긴급발진 시간을 단축시킨 F-20과 유사한 가격표의 F-16 SC(Special Configuration: 특별형상)를 미 공군에 제안한 것이었다. 1986년 10월 31일 미 공군은 두 기종을 비교 검토한 결과 F-16을 채택하기로 했다. F-16을 선정한 이유는 가격보다는 이미 운용 중인 기존 F-16과의 범용성과 호환성이었다. 이미 사용하던 F-16A를 약간만 개조하면 F-16 ADF로 전환할 수 있는 사업 안전성과 규모의 경제에서 오는 운용비 절감도 미 공군 주력전투기라는 타이틀이 가져다주는 이점이었다. ADF 사업 탈락으로 F-20 사업은 1986년 11월에 개발이 중지되고 노스롭에 무려 12억 달러에 달하는 투자비 손실을 안겼다. 같은 해 12월 첫 비행을 앞두고 있던 4호기 제작은 중지됐다.

## 비운의 의붓자식

F-20은 실로 비운의 전투기였다. 일류급 성능과 경량 전투기의 신뢰성 등 장점을 한 몸에 가진 유일무이한 전투기였으나 개발 당시 격동의 국제 정치 환경에서 대만 무기 금수조치와 일선급 전투기 해외 수출 허가 등의 정부 정책 급변에 거듭 타격을 받았다. 게다가 세계시장 무대에 등장 후 발생한 연이은 추락사고도 항공우주산업 역사에서 흔치 않은 비운의 연속이라고 할 수 있었다.

특히 세계 전투기 시장에서 F-16을 호적수로 만난 것도 하나의 비운이었다. 미 공군이라는 든든한 아버지를 둔 F-16과 '의붓자식'이랄 수 있는 F-20의 대결 구도는 후자에 미 국내외 모두에서 태생적인 불이익을 안겨 줄 수밖에 없었다. 당시 성능 면에서 F-16과 호각을 이루거나 일부 우위에 있었던 F-20이었지만 이러한 의붓자식이라는 꼬리표는 항상 깊은 그림자를 드리웠다. YF-16이 노스롭의 YF-17을 물리쳤던 미 공군 경량 전투기(LWF) 사업에서부터 세계 전투기 시장과 미 공군 방공전투기(ADF) 사업까지 F-16은 사사건건 F-20의 발목을 잡는 존재였다.

YF-16과 YF-17. 노스롭에게 F-16은 악몽이었다.

USAF

F-20 시제기 3대. 가장 위의 시제 1호기(N4416T)는 한국에서, 가장 아래의 시제 2호기(N3986B)는 캐나다에서 각각 추락 전소되었고, 시제 3호기(N44671)는 사업 중단으로 캘리포니아 과학 박물관으로 보내지는 불운을 겪었다.

Northrop

이렇게 F-20은 제 아무리 우수한 성능의 항공기라도 자국의 지원 또는 채택 없이는 세계 시장에서도 성공하기 어렵다는 교훈을 남겼다. 결국 F-20 사업중단과 함께 F-5 시리즈의 성공 가도도 종착점을 맞았고 역사의 뒤안길로 사라졌다. 군사원조사업(MAP)을 F-5A/B로 수주하고 뒤이어 국제 전투기(IAF) 사업을 F-5E/F로 수주했던 만큼 운도 좋았고, 그 운을 잡을 만큼 준비가 돼 있던 노스롭도 비운의 F-20 사업 실패로 회사의 존립이 흔들릴 정도의 타격을 입게 됐다.

Taiwan MoD

대만 공군의 국산 전투기 경국호

레이건 행정부의 금수조치로 F-20을 도입할 수 없었던 대만은 1982년 국산 전투기 개발을 결심하고 IDF(Indigenous Defense Fighter) '경국' 전투기 개발에 착수했다. 당시 정책상 대만에 대한 무기 직수출은 불가했으나 방위산업 지원은 가능했기에 IDF는 제한적인 F-16 기술을 지원받아 개발됐다. 여담이지만 IDF는 대만 내에서 'I Don't Fly'라는 별명을 얻을 정도로 대만 공군의 요구성능에 미달했던 것으로 알려진다. 이후 미국의 국제정책 변화로 대만공군은 1992년 F-16A/B를 도입했다.

한편 한국에서 F-20 추락 당시, 한국 공군 내부의 전반적인 분위기는 F-20 도입 불발을 반기는 쪽이었다고 한다. F-5 시리즈에 익숙했던 한국 공군은 경량 전투기로서 F-20의 체급상 성능과 잠재력의 한계를 꿰뚫어 보고 있었고, 자칫하면 F-20의 유일한 운용국이 될지도 모른다는 위기감을 가지고 있었다고 알려진다. 1986년 한국 공군은 F-16C/D를 전격 도입했다. '피스 브릿지(Peace Bridge)'라는 사업명으로 도입된 이들 블록32 기체들은 미 우방국에 최초로 수출된 F-16C/D 모델이었다. 한편 F-20의 AN/APG-67 레이다는 대만의 경국 전투기와 한국의 A-50(T-50 경공격기형)에 채택되어 명맥을 이어간다.

Movie Clip

Area 88에서 6발의 AIM-9을 장착하고 종횡무진 활약하는 F-20.
그 자신의 운명처럼 주변에 먹구름이 끼어 있다.

양산 실패로 영원히 역사의 뒤안길로 사라져 갈 뻔 했던 F-20이 다시금 주목받게 된 계기가 있었으니 바로 일본 애니메이션 '에어리어 88'이었다. 1985년 제작된 이 항공 액션 애니메이션에서 주인공 '가자마 신'의 최후 기체로서 공중전에서 대활약하는 장면과 유려한 기체 디자인은 이후 전 세계적으로 수많은 타이거샤크(Tigershark) 팬들을 양산했다.

## 전전익의 F-5 : X-29

미국이 차세대 전술전투기(ATF) 개념연구를 시작하던 1980년대 초, 나사와 미 국방고등연구기획국(DARPA), 미 공군은 그루만사와 손을 잡고 전진익(Forward-swept Wing)을 가진 X-29라는 실험기를 연구 제작하게 된다. 근접공중전 시 발생할 수 있는 극단적인 높은 받음각 상황에서도 안정적인 기동 능력을 제공할 수 있는 전진익기의 항공역학적 이점에 대한 연구를 수행하는 것이 X-29 실험기의 주목적이었다.

전진익 표면을 흐르는 기류는 후퇴익과는 달리 날개 끝에서 안쪽으로 흐르기 때문에 와류에 의한 익단 기류 박리 현상을 방지, 고받음각에서도 실속 발생을 억제하며 안정적인 비행제어가 가능했다. X-29는 기존 F-5A의 골격을 기본으로 두 대(63-8732기는 82-0003기로, 65-10573기는 82-0049기로 개조)가 제작됐다. F-5A가 채택된 것은 경제성과 가볍고 효율적인 기체, 긴 기수부가 제공하는 공간적 여유 때문이었다.

NASA

전진익의 X-29

F-5A의 전방동체와 노즈 기어, F-16의 조종익면과 랜딩 기어를 이용해 제작된 기체에 F/A-18과 F-20에도 사용된 F-404 엔진을 장착한 1호기는 1984년, 2호기는 1989년에 첫 비행을 실시했다. 이 가운데 1985년 X-29 1호기는 최초로 음속을 돌파한 전진익기가 된다.

F-5A의 기수와 F-20의 후방 동체를 섞어 놓은 것 같은 X-29의 기체 디자인

X-29는 전방으로 33도 꺾인 전진익으로 비행시험에서 고기동성을 보여 줬으며, 특히 최대 받음각은 67도에 달했다. 전진익은 공기역학적으로 극히 불안정해 기동성을 배가시키지만 비행제어 컴퓨터와 플라이-바이-와이어(Fly-By-Wire: FBW) 제어가 필요했다. 또한 항공탄성학적 발산(Aeroelastic divergence) 때문에 발생하는 주익 비틀림을 제어하기 위해 저중량/고강도의 복합재가 적용됐다. 1991년까지 계속된 시험비행 활동에는 먼 사촌 뻘인 T-38 추적기의 동행과 지원이 뒤따랐다. F-5 전방동체와 F-20 후방동체를 섞은 듯한 X-29와 T-38이 함께 비행하는 모습은 F-5 시리즈의 시작과 끝을 요약하는 것 같은 묘한 이미지를 보여줬다. X-29의 시험비행에서 증명된 유효한 장점에도 불구하고 결국 전진익 항공기는 양산에 이르지는 못했다. 차세대 전술전투기의 핵심 개념으로 자리 잡은 초음속 순항과 스텔스 설계에는 오히려 후퇴익이 유리했고, 전진익의 고기동성은 추력편향(Thurst vectoring) 기술로 보완하는 방향으로 항공우주기술 개발 역사는 흘러갔다.

### F-5 소닉붐 시범기

NASA

미 국방고등연구기획국(DARPA)은 저소음 초음속 비행체(Quiet Supersonic Platform: QSP)라는 프로젝트 명으로 소닉붐(Sonic Boom: 초음속으로 비행하는 항공기가 만들어 내는 폭음) 감소를 위한 연구를 착수했다. 이를 위해 미 네바다주 팰론 미 해군항공기지(NAS Fallon)에 위치한 탑건 스쿨의 F-5E 가상적기를 차출, 특별개조를 실시해 성형 소닉붐 시범기(Shaped Sonic Boom Demonstrator: SSBD)라고 명명했다.

이 특수 항공기에 적용된 기술은 충격파 자체를 줄이기보다 항공기 형상을 특별히 설계해 충격파가 생기는 위치를 조절, 급격한 압력 변화를 막아 소닉붐 소음을 감소시키는 데 있었다. F-5E SSBD는 이 같은 실험을 위해 기수 하단부에 노즈 글러브(Nose Glove)라는 알루미늄/복합재 구조물을 설치하며 기형적인 모습을 띠게 됐다. 기수 부분이 뭉툭해지고 부풀어 오른 듯한 모습에 초음속 비행 시 공기저항이 증가할 것 같지만, 충격파 위치를 조절함으로써 소닉붐 소음 감소를 꾀할 수 있었다. 2003년 8월, 기존의 날렵한 기수 모습이 온데 간데 없는 F-5E SSBD는 소닉붐 소음 감소는 물론 함께 비행한 일반 F-5E보다 초음속 비행 시 공기저항도 감소했음을 증명했다. F-5E SSBD는 계획된 시험비행을 완료하고 박물관에 전시 중이며 시험비행에서 획득한 연구결과는 초음속 여객기(Supersonic Transport: ST) 등 향후 초음속 항공기 개발에 활용될 예정이다.

NASA

## F-5 주요 기종 제원

| | F-5A | F-5E | F-20 |
|---|---|---|---|
| 익폭 | 7.7m | 8.13m | 8.13m |
| 전장 | 14.38m | 14.45m | 14.20m |
| 전고 | 4.01m | 4.06m | 4.22m |
| 수평미익 폭 | 4.29m | 4.31m | 4.73m |
| 랜딩기어 전후간 폭 | 4.67m | 5.16m | 5.28m |
| 랜딩기어 좌우간 폭 | 3.35m | 3.81m | 3.81m |
| 주익면적 | 15.79㎡ | 17.28㎡ | 17.28㎡ |
| 공허중량 | 3,667kg | 4,410kg | 5,964kg |
| 최대이륙중량 | 9,333kg | 11,324kg | 12,474kg |
| 엔진 | J85-GE-13×2대 | J85-GE-21A×2대 | F404-GE-100×1대 |
| 드라이추력 | 2,700lbs(엔진 1대당) | 3,500lbs(엔진 1대당) | 11,000lbs |
| 최대추력 (A/B) | 4,100lbs(엔진 1대당) | 5,000lbs(엔진 1대당) | 17,000lbs |
| 최대속도 | 마하 1.4 | 마하 1.64 | 마하 2급 |
| 최대설계하중 | 7.33g | 7.33g | 9g |
| 해면상승률 | 8,748m/min | 10,516m/min | 16,093m/min |
| 실용상승한도 | 15,240m | 15,789m | 16,673m |
| 항속거리 | 1,360nm(연료탱크 투하) | 1,545nm(연료탱크 투하) | 2,000nm |
| 고정무장 | M39(문당 280발) | M39A2(문당 280발) | M39A2(문당 450발) |

## F-5 주요 개발 일정

| | |
|---|---|
| 1956. 10. | 미공군 TZ-156 설계안 승인(후에 T-38) |
| 1958. 05. | 미공군 N-156F 프로토타입 생산 승인 |
| 1959. 04. | T-38 최초 비행(에드워즈 기지) |
| 1959. 07. | N-156F 최초 비행(에드워즈 기지) |
| 1962. 05. | 미 국방부 N-156F를 MAP 대상기로 선정 |
| 1963. 07. | YF-5A 최초 비행(N-156F 3번기, 에드워즈 기지) |
| 1964. 02. | F-5B 최초 비행(에드워즈 기지) |
| 1965. 10. | 스코시 타이거 F-5C 남베트남 전개 |
| 1969. 03. | YF-5B-21(F-5-21) 최초 비행(에드워즈 기지) |
| 1970. 12. | F-5-21(후에 F-5E) 개발 및 생산 승인 |
| 1972. 01. | 마지막 T-38 미공군 인도(캘리포니아 팜데일) |
| 1972. 06. | F-5E 롤아웃(에드워즈 기지) |
| 1972. 08. | F-5E 최초 비행 |
| 1974. 08. | F-5F 롤아웃(에드워즈 기지) |
| 1974. 09. | F-5F 최초 비행 |
| 1982. 08. | F-5G 최초 비행 |
| 1984. 10. | F-20 시제1호기 추락(한국 수원기지) |
| 1985. 06. | F-20 시제2호기 추락(캐나다 구스베이) |
| 1986. 11. | F-20 개발 중지 |
| 1989. 09. | 마지막 F-5E/F 인도 싱가포르 공군). F-5E/F 생산 종료 |

F-5 시리즈의 시작과 끝 - T-38과 F-20(시제 3호기). 캘리포니아 과학 박물관에 전시되어 있다.

캘리포니아 과학 박물관

# F-5F '제공호' 탑승기

# 에필로그

## 가장 특별한 비행 (F-5F '제공호' 탑승기)

'강릉기지 제105전투비행대대 F-5F 전투기 탑승.' 단어 하나하나가 가슴에 울렸습니다. 아버지가 대대장을 지낸 비행대대에서, 당시 아버지의 나이에, 아버지의 비행기에 탑승한다는 의미였기 때문입니다. 더군다나 105대대는 한국 공군 최초의 F-5A/B 및 F-5E/F 창설대대이자 최후의 F-5E/F 운용대대이기에 그 의미심장함이 더했습니다. 그동안 운 좋게도 라팔, F-16, F-4, T-50 등 다양한 전투기를 탑승해 봤지만, 이번 F-5 비행만큼은 믿을 수 없을 만큼 각별하고 감사한 기회였습니다.

그러나 그 어느 때보다 두려움이 앞섰습니다. 강릉기지 관사 어린이 시절 하늘로 떠나보내야 했던 이웃집 아저씨와, 수십 년 후 그 영결식에 참석했던 순직 대대장과 대대원들이 탑승했던 그 대대의 그 비행기였기 때문입니다. 이제 40대의 대대장 나이인 저보다도 평균 기령이 높은 장기운용 항공기라는 사실도 부담을 더했습니다. 게다가 배정받은 숙소 방 번호도 하필이면 402호, 숫자 4를 기피하는 미신을 믿으며 자란 조종사 가족으로서 근거 없는 두려움이 더했습니다. "만약 사고 발생 시에는 공군에 대한 손해배상 청구권을 포기합니다"라고 쓰여 있는 서약서를 뒤집어 놓으며 아내와 아이 생각을 했습니다.

탑승 항공기는 F-5F, 기체번호 601. 1980년대 초중반 국내 면허생산한 '샤크노즈'의 제공호로 그나마 기체 기령이 낮은 편이었습니다. 외장은 좌측 익단 AIM-9P4 더미 한 발과 센터 파일런의 150갤런 연료탱크. 전방석 조종사 최한샘 대위와 김동찬 중위가 탑승한 F-5E와 편조를 이루어 공중에서 기본전투기동(Basic Fighter Maneuver: BFM) 임무를 수행할 예정이었습니다.

임무 중 독도 상공 비행을 요청했지만, 독도 헬기 추락 사고로 항공고시보(Notice to Airmen: NOTAM)가 걸려 울릉도로 변경됐습니다. 구형 사출좌석을 대체한 US16T 신형 사출좌석은 구형보다 착석감이 좋아진 듯 했지만 계기판과의 거리는 좁아진 느낌이었습니다. 캐노피를 수동 레버로 개폐하는 방식이 이전 세대 항공기임을 실감케 했습니다. 이륙 전 항공기가 기수를 뻣뻣하게 쳐들었습니다. F-5E/F 기종 특유의 '노즈 하이크(Nose Hike)'. "노즈기어 축을 30cm 정도 연장, 항공기 AOA를 약 3도 높여 F-5A/B 대비 이륙거리를 30% 정도 단축시킨다"고 알고만 있던 것인데 체험해 보니 "아, 이거구나"하는 실감이 났습니다. 조종석에서 느껴지는 상승감이 생각보다 높았습니다. 우측방에서 역시 고개를 쳐든 채 서 있는 F-5E의 자태가 늠름합니다. "Cleared for takeoff…Break Release…A/B now!" 우리는 동해를 향해 힘차게 치솟아 올랐습니다.

항공기는 타봐야 안다고 합니다. 책과 말을 통해서 인지해 온 F-5E/F의 특징을 비행 중 온몸을 통해 확인했습니다. F-5E/F는 이전 세대 항공기로서 최신예 항공기보다 비행 자체에 조종사가 신경 쓸 일이 많습니다. 최신예기에서는 거의 사용하지 않는 트림 조작을 수시로 해 주어야 합니다. 따라서 (트림을 조작하는) "오른쪽 조종장갑 엄지 부분이 많이 닳은 조종사가 고참 조종사"라는 말이 있습니다.

또한 전방시현기(Head-Up Display: HUD)가 없기 때문에 항공기 속도, 고도, 자세 등 기본 비행정보를 확인하기 위해 시선은 좌측 하단 계기판과 정면을 연신 왕복하게 됩니다. 개인적으로 최신예 항공기 시스템과 계통에 익숙해져 있었기에 이 분명한 두 가지 세대 차이는 가장 적응이 어려운 부분이었습니다.

105대대는 최초이자 최후의 F-5 비행대대. 대대 모자에 "Since 1964 - First & Last F-5"라고 씌여 있다.

동해 상공을 20여분 쯤 비행했을까. 울릉도 근처에 도착했으나 구름이 많이 끼어 잘 보이질 않았습니다. 구름 아래로 하강해 울릉도 쪽으로 기체를 뱅킹(측면 기울임)하는 순간 "와!" 하고 감탄사가 절로 터졌습니다. 구름 사이로 갑자기 튀어나온 울릉도의 모습은 영화에나 나오는 신비의 섬같은 영험함과 이국미를 품은 장관이었습니다. 이대로 독도까지 치닫고 싶은 마음을 누르고 제공호는 임무공역으로 기수를 돌렸습니다.

"You Got (조종간을 넘깁니다)!"

임무공역에 도착하자 전방석 최한샘 대위가 잠시 조종간을 제게 맡겼습니다. 고도 15,000ft, 속도 400knots, 밀리터리 파워, 수평 4g 선회를 시도했습니다. F-5E의 에너지-기동성(Energy-Maneuverability: E-M) 차트 상에서 이론적으로 Ps(잉여 추력)=0, 즉 지속선회(Sustained turn)가 가능한 비행영역이지만, 선회를 마친 후 속도가 300knots 근처로 내려간 것을 확인하고 다소 놀랐습니다. 아무래도 서툰 조종 솜씨와 기동 플랩(Maneuver Flap) 미사용, 추가 외장(센터 탱크) 등으로 클린 외장 상태의 이론상 최적 선회 시보다 감속이 많이 발생했겠지만, 여타 최신예 전투기 대비 상대적으로 에너지 손실이 많다고 느꼈습니다.

다시 속도 300 knots에서 애프터버너를 점화해 4g 선회를 실시하면서는 속도를 유지하며 선회를 마칠 수 있었습니다. 뒤이어 롤(횡전)을 시도해 보았습니다. 10도 정도의 피치로 기수를 든 상태에서 360도 빙글 기체를 돌렸습니다. 같은 외장 상태에서 공개된 F-5F의 횡전률(Role rate) 데이터는 찾을 수 없었지만 라팔의 최대 횡전률(270도)이나 F-16(240도)과 유사하거나 다소 앞설 것이라는 생각이 들었습니다. 과연 A-4 공격기와 더불어 작은 익폭과 탁월한 공력 특성으로 높은 횡전률을 자랑했던 T-38의 사촌이라는 생각이 들었습니다.

뒤이어 기본전투기동(BFM)에 돌입했습니다. 전방에 위치한 F-5F를 F-5E가 후방에서 공격하고 이를 방어하는 훈련이었습니다. 최대 6g 안팎의 격렬한 공중전투기동이 이루어졌고, 조종사들의 거친 숨소리와 교신음, 그리고 흥분과 즐거움이 뒤섞인 저의 웃음소리가 조종석을 가득 채웠습니다. 지상훈련 시 이미 9g를 통과하고 올라왔기에 중력가속도의 부담은 적은 편이었습니다. 중력가속도 아래에서 백미러와 캐노피 너머로 비친 F-5E의 기동 장면과 유려한 디자인은 거칠면서도 아름다운 장관이었습니다. 이번 비행 임무는 자료와 연구를 통해 계속 접했던 F-5E/F의 성능상 특징을 몸으로 확인할 수 있었던 귀중한 기회였습니다. 즉 당대 경량 전투기로서는 "우수한 선회율, 선회반경, 횡전률을 가지고 있지만 상대적으로 엔진 추력이 부족하고 항속거리가 짧다"는 특징을 구체적으로 확인할 수 있었습니다.

임무를 마치고 기지로 복귀(RTB)하는 하늘길. 조종석 너머 동해 상공의 푸르른 하늘 위에 구름

아버지의 비행대대에서, 아버지의 나이에, 아버지의 비행기를 타다

사이로 그리운 얼굴이 비쳤습니다. 105대대 고 이광진 대위(공사 36기)의 환영이었습니다. 관사 어린이 시절, "비행 다녀와서 보자"라며 F-5를 타고 하늘에 오르신 후 다시 돌아오지 않았던 아저씨. 이젠 하늘에 계신 하늘의 사나이에게 안부 인사를 건네는데 산소마스크 안으로 눈물이 주르륵 흘러 들어왔습니다. 그리고 20여년 후, 아저씨의 뒤를 따라 하늘의 품에 안겼던 105대대 오충현 대령, 어민혁 소령, 최보람 대위, 박정우 대령, 정성웅 대위의 명복을 공중에서 빌었습니다.

어느덧 제공호는 강릉기지와 가까워졌습니다. 다소 무거워진 저의 마음을 어떻게 알았는지 전방석의 최보람 대위가 착륙 전에 짧은 '강릉 공중 투어'를 해 주겠다고 했습니다. 전투기에서 강릉 전체가 한 눈에 들어왔습니다. 강릉 관사 어린이 시절엔 그렇게 커 보이던 강릉이 이렇게 아담한 도시인 줄은 미처 몰랐습니다. 강릉 토박이인 최 대위는 경포대, 올림픽 경기장, 대관령 등 강릉 명소를 하나하나 짚어 주었습니다. 제가 다녔던 강릉 중앙 초등학교와 율곡 중학교를 찾아보았습니다. '강릉 소년들'간의 들뜬 애향심 속에서 마음이 한결 가벼워졌습니다. 제공호도 사뿐히 강릉기지에 착륙했습니다.

비행을 마치고 나니 비행 전 두려움은 눈 녹듯이 사라졌습니다. 강릉기지의 조종사, 정비사, 무장사 등 모든 인원들이 혼연일체로서 안전비행에 만전을 기하고 있음을 확인할 수 있었기 때문입니다. "F-5 조종사들은 항상 비정상 상황에 대비하고 하루하루 주어진 환경에서 최선을 다해 훈련하고 있습니다"라는 최한샘 대위의 말에 겨우 '일일 명예 조종사' 주제에 잠시나마 두려움을 품었던 스스로가 부끄러워졌습니다. 한편으로는 매일 40대 나이의 항공기에 운명을 맡겨야 하는 20대 조종사들의 상황이 진심으로 안타까웠습니다. 반드시 KF-X를 정시 개발해 F-5E/F를 가능한 빠른 시일 내에 대체해 주어야 한다는 생각이 들었습니다.

비행 디브리핑 중 생각해 보니, 우리 제공호에는 저와 최한샘 대위 외에 다른 한 명이 타고 있었던 것 같습니다. 바로 저의 아버지이셨습니다. 지금 제 나이에 105비행대대장으로서 88 올림픽의 성공적 개최를 위해 24시간 전투초계임무를 지휘하던 기억과 이 제공호를 타고 하루하루 공중에서 피땀을 흘리셨을 아버지의 일상을 몸으로 이해할 수 있었습니다. 빨간마후라를 목에 두르고 아침 출근 전엔 단잠에 빠진 저와 여동생을 깨워서라도 한 번씩 안아주시고 나가셨던 아버지. 아마도 다시는 가족을 못 볼지도 모른다는 생각에서 그러셨던 것 같습니다. 그런 아버지의 모습은 대한민국 공군의 모든 빨간마후라들의 모습일 것입니다. 특히 F-5와 운명을 같이 하신 하늘에 계신 52명의 신념의 조인들, F-5를 피땀으로 운용해 오신 전현직 공군 요원들, 그리고 마지막까지 F-5를 운용하실 최후의 공군 요원들에게 진심어린 경의와 감사를 표합니다. 그리고 이토록 특별한 비행을 허락해 주신 대한민국 공군에 다시 한 번 감사드립니다. 필승!

## 같은 부대–공사 수석–만삭 아내, 슬픔마저 닮았다

이 글은 지난 1991년 1월 14일 고 이광진 대위(공사36기)의 순직사고와 2010년 3월 2일 고 오충현 대대장과 대대원들의 순직사고와 관련한 저자의 신문 기고문입니다.

1991년 겨울, 나는 소중한 사람과 마지막 인사를 했다. 헌칠하고 늠름한 F-5 전투기 조종사였다. 나의 아버지가 대대장을 지낸 강릉기지 모 비행대대 소속이었던 그 청년장교는 공군사관학교 수석 졸업자로 탁월한 비행실력과 성실함으로 신망이 높았다. 비행이 끝나면 만삭이 된 아내의 배를 어루만지며 고된 임무의 피로를 씻던 신혼의 가장이었다. 비행기 마니아이자 조종사 지망생이었던 13세 초등학생에게 아저씨는 영웅이었다. 나는 그의 뒤를 졸졸 따라다니며 비행기에 대해 묻곤 했고 아저씨는 조카 대하듯 설명해 주었다.

"원익아, 비행 다녀와서 보자." 출근길 그의 한마디가 마지막 인사말이었다. 땅거미 진 활주로에 서서 여러 날을 기다렸건만 그는 영원히 하늘나라에서 돌아오지 않았다. 푸른 정복을 입은 동기 조종사들이 몇 번이나 발길을 돌리다 부인에게 마침내 비고(悲告)를 전했다. 부른 배를 부둥켜안고 부인은 거듭 실신했다. 내 어머니와 다른 조종사의 부인들도 서로 끌어안고 오열했다. 남의 일 같지 않았기 때문이었으리라. 망자는 애기(愛機)와 함께 산화했기에 살점과 머리카락 몇 개만 겨우 찾았다고 했다. 부인은 "시신을 내 눈으로 보기 전에는 남편의 죽음을 받아들일 수 없다"고 버텼다. 부인의 친정어머니가 울음바다가 된 관사에서 혼수상태의 딸을 끌듯이 데려갔다.

영결식장에서 누군가 "배우고 익혀서 몸과 마음을 조국과 하늘에 바친다"란 공사 교훈을 낭독했다. 아버지는 "남자는 태어날 때, 아비가 죽었을 때, 조국이 망했을 때 세 번 운다"고 당부했건만, 소년인 나는 울음보를 놓아 버렸다.

### 13세 꼬마의 영웅이었던 아저씨
### 영결식장서 마주한 또다른 '鳥人'
### 반복되는 비극 더는 없어야

그 일은 어깨의 불주사 자국처럼 나에게 지워지지 않는 상처로 남았다. 그런데도 전투기 조종사가 되겠다는 꿈은 '요절'하지 않고 오히려 깊어만 갔다. "아무나 할 수 없는 일"을 해보겠다는 긍지와 멸사봉공하는 '하늘 사나이' 정신에 매료되었는지도 모르겠다. 시력 저하로 조종사의 꿈을 접고 대신 항공 저널리스트가 돼 종종 전투기를 타고 하늘에 오를 때마다 지금도 창공을 날고 있을 것만 같은 아저씨의 명복을 빌고 있다.

뒷줄 오른편에서 세번째가 고 이광진 대위 (공사 36기). 공교롭게도 89년 11월 3일 105대대 20,000시간 무사고 비행수립 기념 사진에 그의 모습이 남아있다. (사진: 105대대 역사기록실)

지난 토요일 아침, 이번 F-5 전투기 사고로 순직한 조종사들의 영결식에 참석했다. 화끈거리는 기억이 각인된 강릉기지를 어른이 되어 다시 찾은 것이다. 나는 다시 소년이 되어야 했다. 아버지도 "가면 울 것 같으니 네가 가서 대신 명복을 빌어주라"고 했다. 사람도 울고 하늘도 울었다. 하염없이 뿌리는 차가운 봄비 속에서 나는 아저씨의 환영을 보았다. 자신의 뒤를 따라 하늘의 품에 안긴 후배들을 슬픈 표정으로 내려다보는 듯했다.

"못 다한 너의 꿈…네가 남기고 간 분신(아이)은…우리가 지켜주겠다…." 동기들은 몇 차례나 끊어졌다 이어지는 조사를 읽어 나갔다. '같은 길을 가는 자'만이 아는 슬픔이 비 뿌리는 하늘로 피어올랐다. 조인(鳥人)의 청춘은 그런 것이다.

슬픔만큼 놀라웠던 것은 정황이 19년 전과 닮아 있다는 점이었다. 같은 전투비행대대, 같은 기종, 공사 수석졸업, 만삭의 아내…. 마지막 가는 남편의 얼굴을 한번 쓰다듬어 보지도 못한 부인들, 아버지의 얼굴을 보지 못하고 자라야 하는 아이들. 20년의 세월이 어떻다는 것을 알기에 모든 것이 안타까웠다. F-5는 1974년부터 도입한 것이라 영결식에 참석한 상당수의 조종사보다 나이가 많다.

영화 '워낭소리'가 생각났다. 공군에는 끝없이 젊은이들이 뛰어들고 있다. 이들은 젊은데 소는 지치고 나이 들었으니 세대가 맞지 않는다. 또 한번 불주사를 맞은 듯 내 가슴은 마구 화끈거렸다.

2010년 3월 8일 동아일보 특별 기고 중에서

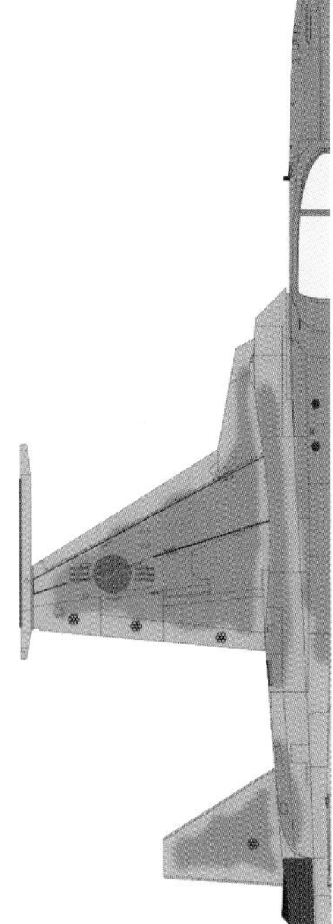

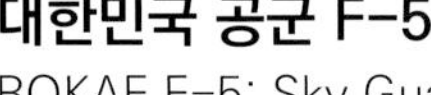

**대한민국 공군 F-5**

ROKAF F-5: Sky Guardian Tiger

**초판발행 :** 2020년 1월

**지은이 :** 이원익
**발행처 :** (주)와스코 월간항공
**발행인 :** 노상래
**출판등록 :** 1991년 7월 26일 제11-59호
**주소 :** (07647) 서울특별시 강서구 공항대로42길 23-3 항공빌딩 2층
**전화 :** 02-3663-3011
**팩스 :** 02-3663-3013
**홈페이지 :** www.aviation.co.kr
**이메일 :** aerospace@wasco.co.kr

**디자인 :** 신지훈